高等教育智能建造专业新形态教材

工程结构
智能设计

徐亚洲　杨雨青　主编

清华大学出版社
北京

内 容 简 介

结构智能设计是将人工智能技术应用于结构设计过程的新兴领域,旨在通过机器学习和优化算法来实现结构方案自动生成、智能比选、智能优化的类人化自动设计。

本书主要介绍结构智能设计的基本原理、方法和工程应用。全书共 5 章,包括绪论、结构智能设计理论基础、结构方案智能设计、结构体系智能生成、结构构件智能设计。其中,第 2 章简要介绍了与结构智能设计相关的优化设计方法和人工智能理论基础。第 3 章主要讲述项目初步设计阶段结构方案选择和结构找形相关的理论和方法。第 4 章重点介绍了结构体系自动生成的相关理论和方法。第 5 章介绍了结构构件智能设计及优化设计的相关方法和工程实例。本书可作为智能建造、土木工程专业本科高年级学生教材,也可供其他专业研究生和工程技术人员参考。

版权所有,侵权必究。举报: 010-62782989,beiqinquan@tup.tsinghua.edu.cn。

图书在版编目(CIP)数据

工程结构智能设计 / 徐亚洲,杨雨青主编. -- 北京 : 清华大学出版社,2025. 2.
(高等教育智能建造专业新形态教材). -- ISBN 978-7-302-68445-9
Ⅰ. TU318
中国国家版本馆 CIP 数据核字第 2025WJ1160 号

责任编辑:王向珍　王　华
封面设计:陈国熙
责任校对:赵丽敏
责任印制:曹婉颖

出版发行:清华大学出版社
　　　网　　址:https://www.tup.com.cn,https://www.wqxuetang.com
　　　地　　址:北京清华大学学研大厦 A 座　　　邮　编:100084
　　　社 总 机:010-83470000　　　邮　购:010-62786544
　　　投稿与读者服务:010-62776969,c-service@tup.tsinghua.edu.cn
　　　质量反馈:010-62772015,zhiliang@tup.tsinghua.edu.cn
印 装 者:三河市科茂嘉荣印务有限公司
经　　销:全国新华书店
开　　本:185mm×260mm　　印　张:11.75　　字　数:280 千字
版　　次:2025 年 4 月第 1 版　　印　次:2025 年 4 月第 1 次印刷
定　　价:39.80 元

产品编号:105402-01

本书旨在介绍结构智能设计的理论基础、方法原理、应用技术及实例分析,帮助读者了解结构智能设计领域的研究成果,掌握结构智能设计的基本思路和主要方法。本书编写时遵循理论联系实际、注重概念、突出方法的原则,力争将智能算法与结构设计有机结合,强调智能设计方法在工程实践中的应用能力培养。

全书共5章,包括绪论、结构智能设计理论基础、结构方案智能设计、结构体系智能生成、结构构件智能设计。其中,第2章简要介绍了与结构智能设计相关的优化设计方法和人工智能理论基础。第3章主要讲述项目初步设计阶段结构方案选择和结构找形相关的理论和方法。第4章重点介绍了结构体系自动生成的相关理论和方法。第5章介绍了结构构件智能设计及优化设计的相关方法和工程实例。书中还提供了相关算法的程序代码,便于读者学习和应用。已经具备优化方法和人工智能理论相关知识的读者可以跳过第2章的内容。书中带星号的章节属于较为深入和前沿的内容,可根据实际教学情况选择。

本书由西安建筑科技大学徐亚洲、杨雨青主编,其中第5章由北京科技大学杨雨青、西安建筑科技大学徐亚洲及博士研究生吴悦共同编写,其余章节均由徐亚洲编写。吴悦在本书成稿过程中做了大量细致的准备工作。感谢清华大学出版社编辑精心的组织和细致的校核工作。本书编写过程中,除参考行业内部分专著和论文外,还参考了部分网络技术资料,作者在此向相关资料作者一并表示衷心的感谢。结构智能设计领域的本科教学内容尚处于探索阶段,书中内容是作者根据近期教学和工程实践中的认识所做的选择,必定存在诸多不足,欢迎各位读者提出宝贵意见,以便进一步改进和完善相关内容。

通过本书的学习,读者能够掌握结构智能优化设计的基本原理和方法,并对其在工程结构设计中的应用和发展前景具有一定的了解。由于当前人工智能技术的发展及其在各个行业的应用处于一个飞速发展的阶段,读者应该更加侧重于基本原理和方法的学习以及编程能力的培养,如此才可以更好地适应智能设计领域快速发展和变化的趋势。希望本书能够为读者提供一定的帮助和启发,从而促进结构智能设计领域的研究与发展,推动建筑行业智能化设计技术的工程应用。

1 绪论 ··· 1
1.1 智能设计概述 ··· 1
1.1.1 智能的概念 ··· 1
1.1.2 智能的特征 ··· 4
1.1.3 人工智能的概念 ··· 5
1.2 工程结构智能设计简介 ··· 7
1.3 工程结构智能设计的基本内容 ··· 8
练习题 ··· 14

2 结构智能设计理论基础 ··· 15
2.1 优化设计理论 ··· 15
2.1.1 优化设计问题的数学描述 ··· 16
2.1.2 一维搜索方法 ··· 20
2.1.3 搜索方向梯度理论 ··· 25
2.1.4 无约束优化方法 ··· 30
2.1.5 约束优化方法 ··· 42
2.1.6 启发式优化算法 ··· 47
2.1.7 多目标优化算法 ··· 48
2.2 人工智能设计理论 ··· 49
2.2.1 设计知识表示 ··· 50
2.2.2 设计知识学习 ··· 51
2.2.3 设计知识推理 ··· 53
2.2.4 机器学习算法 ··· 55
练习题 ··· 67

3 结构方案智能设计 ··· 69
3.1 概述 ··· 69
3.2 建筑方案智能设计 ··· 70
3.2.1 建筑智能设计的特点 ··· 70
3.2.2 建筑设计找形方法 ··· 71
3.3 结构形状智能生成 ··· 77

  3.3.1 结构找形目标 ··· 77
  3.3.2 实验找形法 ··· 79
  3.3.3 动态平衡法 ··· 80
  3.3.4 静力图解法 ··· 82
  3.3.5 有限元分析法 ·· 86
  3.3.6 算例分析 ·· 91
 练习题 ··· 95

4 结构体系智能生成 ·· 96

 4.1 结构体系智能设计概述 ·· 96
 4.2 结构体系生成目标 ·· 97
  4.2.1 建筑设计目标 ·· 97
  4.2.2 结构效率目标 ·· 97
  4.2.3 施工成本 ··· 101
 4.3 结构体系生成约束条件 ··· 101
  4.3.1 结构安全性能 ··· 101
  4.3.2 结构正常使用性能 ··· 102
  4.3.3 结构耐久性能 ··· 103
 4.4 结构体系生成求解算法 ··· 104
  4.4.1 基于单元参数的结构体系生成算法 ··································· 104
  4.4.2 基于模块参数的结构体系生成算法 ··································· 112
 4.5 实例分析 ··· 115
  4.5.1 人行天桥拓扑结构设计 ··· 115
  4.5.2 基于变密度法的平面桁架优化设计* ································· 117
  4.5.3 高层剪力墙结构智能设计方法* ······································· 118
 练习题 ·· 124

5 结构构件智能设计 ·· 126

 5.1 概述 ·· 126
 5.2 结构构件设计评价指标 ··· 126
  5.2.1 结构构件安全性评价指标 ·· 127
  5.2.2 结构构件适用性评价指标 ·· 127
  5.2.3 结构构件耐久性评价指标 ·· 128
  5.2.4 结构构件其他评价指标 ··· 129
 5.3 结构构件优化设计的目标和约束条件 ·································· 129
  5.3.1 结构构件优化设计的目标 ·· 129
  5.3.2 结构构件优化设计约束条件 ··· 130
 5.4 结构构件性能智能设计* ·· 131
  5.4.1 机器学习模型简介 ··· 131

  5.4.2 基于数据的机器学习静力性能预测 ································ 134
  5.4.3 基于数据的机器学习分类预测 ···································· 140
 5.5 装配式结构构件智能深化设计* ·· 144
  5.5.1 配筋优化的邻域算法 ·· 144
  5.5.2 钢筋排布的智能体路径规划方法 ································ 147
 5.6 构件智能设计方法及代表性工程实例 ···································· 151
  5.6.1 三杆桁架优化设计 ·· 151
  5.6.2 数据驱动的钢管混凝土轴压承载力 ······························ 158
  5.6.3 钢结构框架截面优化设计 ··· 163
  5.6.4 空间钢网架截面优化设计 ··· 166
 练习题 ·· 174

参考文献 ·· 175

1 绪 论

随着信息和计算机技术的不断发展,越来越多的高新科技进入传统领域中,人工智能技术也不例外。从车牌识别、人脸识别、智能家居到混凝土 3D 打印、勘察数据感知、楼宇自动化设计等,智能技术的应用给日常生活与生产带来了诸多便利。人工智能设计的应用还在很大程度上缓解了当前设计工作中的强度与难度,为设计工作质量与效率的提升提供了重要手段。但由于当前人工智能设计仍归属于弱人工智能,特别是土木建筑结构设计领域尚无法完全脱离人工自主运行,所以还需要进一步深入研究和开发新的智能设计技术,从而建立真正的结构智能设计类人系统。

智能结构设计是指将人工智能技术应用于结构设计领域,利用计算机模拟和优化技术,对结构进行系统建模和分析,从而设计出更加优异和高效的结构。它是一种集结构分析、优化、模拟于一体的多学科交叉技术,具有广泛的应用前景,可应用于土木工程、机械工程、航空工程等领域。

当前,智能结构设计已经成为工程设计研究的热点之一。经过 70 多年的发展,人工智能作为新一代产业变革的核心驱动力,是全面提高结构工程领域数字化、自动化、信息化和智能化的重要方法。目前,工程结构设计已开展了大量人工智能研究,但各阶段智能化发展不均衡,实际应用也存在一定局限性,因此需深入探索神经网络、大数据、深度学习等智能技术在工程结构全生命周期的交叉融合,促进结构设计与人工智能研究的协同发展。目前国内外研究人员已经开发了各种基于人工智能技术的结构设计方法,包括神经网络、遗传算法、离散优化等。这些方法可以在不同的领域和应用场景中发挥其优势,优化结构设计方案,提高结构设计效率。另外,人工智能和大数据等新技术的不断提升和发展,也为智能结构设计研究提供了新的机遇和途径。

未来,智能结构设计仍将继续发展、普及和应用。尤其是随着人工智能技术和应用价值的逐步释放,智能结构设计将会被更广泛地应用于各个领域。同时,在智能化结构设计领域,整合多专业知识和信息素材,提高自动化水平等方向的研究也将得到更多关注。

1.1 智能设计概述

1.1.1 智能的概念

人工智能[1](artificial intelligence,AI)是一个内涵不断变化和拓展的概念。人类历史上,人们一直试图理解自己是如何思考的;人类的大脑是如何感知、理解、预测和改造复杂世界的。对于工程师而言,核心的问题是智能机器如何像人一样行动,表现出智能行为。由于人工智能仍然存在许多不同的解释,很难简单而准确地定义人工智能或 AI 一词。尽管如此,人们还是在尝试通过一些发展历程或科学理论来定义或描述人工智能领域。要实现人工智能,首先要解答一个问题,什么是智能?

智能(intelligence)及智能的本质是古今中外许多哲学家、脑科学家一直在努力探索和研究的问题,智能的发生与物质的本质、宇宙的起源、生命的本质一起被列为自然界的四大奥秘。但至今人类对智能仍然没有完全了解,因此对智能并没有确切的定义。但是结合智能的具体表现,人们对智能的观点主要分为思维理论、知识阈值理论、进化理论三个流派。

1. 思维理论[2]

思维理论认为,智能的核心是思维,人的一切智能都来自大脑的思维活动,人类的一切知识都是人类思维的产物,因而通过对思维规律与方法的研究可望揭示智能的本质。

思维科学体系的基础科学包括两大类:一类是总结人类思维经验、揭示思维对象的普遍规律和思维本身普遍规律的各种思维科学,包括哲学世界观、哲学史、认识论和逻辑学,是理论的思维科学;另一类包括研究思维主体——人脑的生理结构和功能,揭示思维过程生理机制的神经生理学和神经解剖学等。这种观点将认识论归在思维科学的基础科学范围内。其实两种观点都不否认智能和哲学是通过认识论相联系的。在智能设计过程中的想象能力、创造能力和改进能力等方面都能体现思维理论。例如,在桥梁设计中,设计师可以运用奥卡姆剃刀原理,尽量减少桥梁的材料使用,从而降低建设成本,如图 1-1 所示;还可以运用多目标优化理论,综合考虑桥梁的强度、稳定性和经济性等因素,得出最佳方案。在简化设计流程、提高工程质量和效率等方面,思维理论也可以发挥重要的作用。

图 1-1 奥卡姆剃刀原理

2. 知识阈值理论[3]

知识阈值理论(threshold of knowledge theory)是指一个人在特定领域中获取新知识所需的最低门槛。该理论认为,当一个人对某个领域的认知达到一定水平时,就能够更容易学习和理解相关的知识,而且对新知识的接受和理解也会更加迅速和深入。

知识阈值理论强调了在学习过程中知识累积的重要性。一旦个体跨越了特定领域的知识门槛,就能够更有效地理解和吸收相关的信息,从而不断扩大自己的知识领域,这一理论对教育实践和个体学习策略有着重要的启示作用。因此,根据知识阈值理论可以将智能定义为:智能就是在巨大的搜索空间中迅速找到一个满意解的能力。这一理论在人工智能的发展史中有着重要的影响,知识工程、专家系统[4]等都是在这一理论的影响下发展起来的,如图 1-2 所示。在结构的智能优化领域[5],知识阈值理论可以通过建立模型,利用优化算法和有限元分析等技术,对土木工程结构进行优化设计,在保证其安全性和稳定性的同时提高计算的效率。实现的方法过程可以描述为:确定结构的受力分布,建立结构优化模型,通过结构参数优化算法寻找最优结构形状和尺寸等方案,最后利用有限元分析验证优化结果。

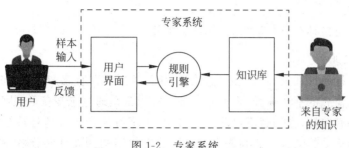

图 1-2　专家系统

3. 进化理论[6]

进化理论着重强调控制,该理论认为人的本质能力是在动态环境中的活动能力、对外界事物的感知能力、维持生命和繁衍生息的能力。正是这些能力为智能的发展提供了基础,因此智能是某种复杂系统所涌现出的性质,是由许多部件交互作用产生的,智能仅仅取决于感知和行为,它可以在没有明显的可操作的内部表达的情况下产生,也可以在没有明显的推理系统出现的情况下产生,因此智能是在系统与周围环境不断"刺激-反应"的交互中发展和进化的。进化理论主要是通过模拟生物进化的遗传算法来优化设计的。这种方法可以自动地生成和评估无数种可能的结构形态,然后根据功能和成本等综合指标,逐步筛选出最优设计方案。例如,在桥梁结构的设计中,可以利用遗传算法搜索最优的跨度、支撑类型、结构类型等参数组合[7],从而降低成本,提高结构的安全性和可靠性,如图 1-3 所示。该理论的核心是用控制取代表示,从而取消概念、模型及显式表示的知识,否定抽象对于智能及智能模拟的必要性,强调分层结构对于智能进化的可能性与必要性。目前这些观点尚未形成完整的理论体系,有待进一步的研究。

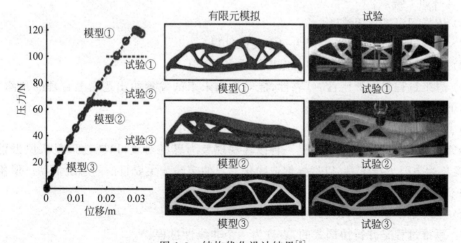

图 1-3　结构优化设计结果[8]

值得注意的是，智能是一个开放的、包容的概念，发展至今其内容是不断完善的而且最终必将走向一体化。目前，可以认为智能是知识与智力的结合，知识作为智能行为的基础，来指导智力获取知识并应用知识求解相应的问题。

1.1.2 智能的特征

智能的特征包括具有感知能力、记忆和思维能力、学习能力、行为能力等。

1. 具有感知能力

感知能力是指通过视觉、听觉、触觉、嗅觉、味觉等感觉器官感知外部世界的能力。感知是人类获取外部信息的基本途径，人类的大部分知识都是通过感知获取，然后经过大脑加工获得的。如果没有感知，人们就不可能获得知识，也不可能产生其他各种智能活动。因此，感知是产生智能活动的前提。感知能力可以用于优化结构的设计和分析，快速识别结构的缺陷和脆弱性，提高结构的可靠性和安全性。例如，建立基于感知能力的非线性系统模型，可以根据健康检测数据快速预测结构的服役情况；利用感知能力算法优化结构的材料选型和断面设计，可以提高结构的效率，达到节能减排的目的。

2. 具有记忆和思维能力

记忆与思维是人脑最重要的功能。记忆用于存储思维所产生的知识，思维用于对信息的处理，是获取知识以及运用知识求解问题的根本途径。记忆和思维能力通过对历史经验和知识的记忆，以及对信息和数据的分析、归纳和推理，帮助工程师更好地理解和解决问题。例如，工程师可以利用记忆和思维能力，对已有的设计方案进行回顾和总结，加深对结构性能、耐久性和可靠性等方面的理解，从而更好地指导设计方案的优化。此外，在对不同方案进行评估和比较时，结合记忆和思维能力，可以更准确地预测其性能表现，并为决策提供更全面的参考。思维又可分为逻辑思维、形象思维、顿悟思维。

1) 逻辑思维

逻辑思维又称抽象思维。它是一种根据逻辑规则对信息进行处理的理性思维方式。逻辑思维具有如下特点：

（1）依靠逻辑进行思维。

（2）思维过程是串行的，表现为一个线性过程。

（3）容易形式化，其思维过程可以用符号串表达。

（4）思维过程具有严密性、可靠性，能对事物未来的发展给出逻辑上合理的预测，可使人们对事物的认识不断深化。

2) 形象思维

形象思维又称直感思维。它是一种以客观现象为思维对象，以感性形象认识为思维材料，以意象为主要思维工具，以指导创造物化形象的实践为主要目的的思维活动。形象思维具有如下特点：

（1）主要是依据直觉，即感性形象进行思维。

（2）思维过程是并行协同式的，表现为一个非线性过程。

（3）形式化困难，没有统一的形象联系规则，对象不同、场合不同，形象的联系规则亦不相同，不能直接套用。

(4) 在信息变形或缺少的情况下仍有可能得到比较满意的结果。

3) 顿悟思维

顿悟思维又称灵感思维。它是一种显意识与潜意识相互作用的思维方式。当人们遇到无法解决的问题时,会"苦思冥想"。这时,大脑处于一种极为活跃的思维状态,会从不同角度用不同方法去寻求解决问题的方法。有时一个"想法"突然从脑中涌现出来,使人"茅塞顿开",问题便迎刃而解。像这样用于沟通有关知识或信息的"想法"通常被称为灵感。顿悟思维有以下特点:

(1) 具有不定期的突发性。

(2) 具有非线性的独创性及模糊性。

(3) 穿插于形象思维与逻辑思维之间,起着突破、创新及升华的作用。

但是,人的记忆与思维是不可分的,总是相随相伴的。它们的物质基础都是由神经元组成的大脑皮质,通过对相关神经元的兴奋与抑制实现记忆与思维活动。

3. 具有学习能力

学习是一种本能。人们在通过与环境的相互作用,不断地学习,从而积累知识,适应环境的变化。学习既可能是自觉的、有意识的,也可能是不自觉的、无意识的。学习能力可以用于设计更精准、高效的结构,通过机器学习的方式,将历史数据和实验结果输入系统中,让系统进行自我学习,掌握更加深入的结构优化规律,从而进行更加精准的结构设计。学习能力在结构设计中非常重要,通过深度学习等技术可以辅助工程师快速建立具备学习与应用新理论和新技术的智能系统,可以大幅提高结构设计的质量和效率。但需要注意的是,任何技术的应用都需要结合人机交互进行验证和决策,不可能单纯依赖模型和算法完成所有设计过程。

4. 具有行为能力

人们通常用语言或者某个表情、眼神及形体动作来对外界的刺激做出反应,传达某个信息,这些统称行为能力或表达能力。如果把人类的感知能力看作信息的输入,那么行为能力就可以看作信息的输出,它们都受神经系统的控制。类似地,行为能力可以用于输出材料的本构关系,预测结构的破坏与伸缩性能,进行非线性分析和优化设计等。具体应用包括:计算结构的刚度、强度、稳定性等;实现结构材料最优化设计、形状优化、拓扑优化。

1.1.3 人工智能的概念

人工智能[9]是研究、开发用于模拟、延伸和扩展智能的理论、方法、技术及应用系统的一门交叉技术科学。它不但能够理解智能体,而且能够建造智能实体,是当前 21 世纪三大尖端技术之一。"人工智能"这个名词创造于 1956 年,其研究工作在第二次世界大战结束后迅速展开。人工智能通过模仿人类的思维和行为,实现类人智能系统。其基础理论包括机器学习、数据挖掘、知识表示与推理、自然语言识别与处理、计算机视觉等领域。人工智能的应用场景包括语音识别、机器翻译、自动驾驶、图像识别、智能客服、智能制造等领域,可以提高生产力,优化生产流程,降低成本,改善人类生活质量。

历史上,对 AI 的认识途径有以下两大类:以人为中心的途径在某种程度上是一种经验科学,涉及关于人类行为的观察与假设;理性论者的途径涉及数学与工程的结合。这两类途径具体内容如下。

1. 脑科学和目标导向

智能的许多想法和原理都起源于脑科学和神经科学的相关领域。通过参考人类大脑的结构与功能，设计出更加高效、优化的计算机、网络或机器人等系统。此外，在神经科学的研究中也可以探索人类大脑的结构、功能以及认知过程等方面的问题。

还有一种认识智能的途径是采取目标导向的行动路线，目标导向是以明确的目标和具体的计划为基础，采取一系列行动和措施，以达成预期目标的方法和策略。目标导向可以让人们更加清晰地了解所要达成的目标，并制订明确的计划来实现这些目标。以创造智能理论方法来完成尽可能多的任务作为其最终的目标，相比用传统的方法去解决某一个问题更能体现智能的特点。在结构设计中，目标导向可以帮助设计师确定设计目标，进一步优化结构设计方案，提高设计效率和质量。例如，目标导向可以通过优化结构的荷载分配、截面形状和材料选择等方面，实现结构设计的最优化。

2. 图灵测试与聊天机器人

何为人工智能？现在许多人仍把图灵测试作为衡量机器智能的准则。早在"人工智能"被正式提出之前，英国数学家 A. M. 图灵（A. M. Turing）提出了"机器可以通过测试看出能否有思维方式"这一观点，形象地指出了什么是人工智能以及机器应该达到的智能标准，如图1-4所示。1950年他发表了《计算机器与智能》(Computing Machinery and Intelligence)[10]，在文中提出相关测试：让人与机器分别在两个房间里，二者之间可以通话，但彼此都看不到对方，如果通过对话，人不能分辨对方是人还是机器，那么就可以认为对方的那台机器达到了人类智能的水平。实际上，要使机器达到人类智能的水平，是非常困难的，但是，人工智能的研究正朝着这个方向前进，并且在一些专业领域内，人工智能能够充分利用专业的知识去解决特殊的问题，具有显著的优越性。

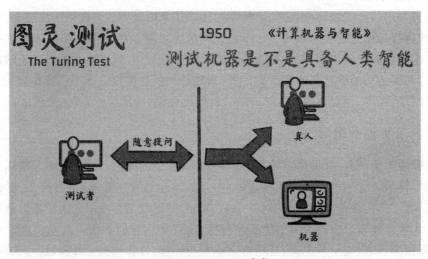

图1-4 图灵测试[10]

另一位人工智能先驱约瑟夫·维森鲍姆（Joseph Weizenbaum）开发了一个名为 Eliza 的程序，该程序旨在像人类心理学家一样回答测试对象的问题。目前，在互联网上有许多聊天机器人，都能具备和人聊天的属性。聊天机器人在某些领域已经有了商业应用，可为信息识别、知识问答、自动编程等领域提供服务。特别是 ChatGPT 的出现更是揭开了人工智能应用的新篇章。

总而言之，人工智能是研究如何构造智能机器（智能计算机）或智能体，并使其能模拟、延伸、扩展人类智能的学科。换句话说，人工智能就是要研究如何使机器具有能听、会说、能看、会写、能思维、会学习、能适应环境变化、能解决面临的各种实际问题等功能的一门学科。

1.2 工程结构智能设计简介

智能代表着人们在逻辑认知、自我认知、学术研究、计划制定、创新思维以及问题解决等多个领域的综合能力。广义上讲，包括了人的意识活动、认知活动以及与之相关的各种社会实践活动。它可以被解释为，在感知或推测信息之后，将这些信息作为知识应用到其他环境中的一种自适应行为。

人工智能是一种研究人类思维活动规律及其发展过程的综合学科，包括计算机科学、控制科学、机器人科学、逻辑学、心理学、社会学等多个方面。人工智能这一概念的起源可以追溯到 1956 年，但关于它的确切定义仍然存在许多争议。一般把人类智能看成由认知系统与感觉系统两部分组成。迄今为止，AI 技术已经成功地在策略游戏（如 AlphaGo）、自动驾驶技术、人脸识别、医疗诊断等领域中得到了应用。通过深度学习、大数据、云计算等技术，人工智能已经对传统学科产生了进一步的挑战。与金融、机械、医疗等领域相比，土木工程这一传统学科在人工智能的浪潮中显得相对滞后。如何实现对土木工程领域知识体系和设计方法的智能化升级，将为该领域带来新的机遇与挑战[11]。因此，有学者指出，"人工智能化在设计方法上是工程系统设计的一个关键发展趋势"。

传统设计过程中，试错法（trial-and-error）是一种针对某一特定指标不达标的设计方案进行持续调试的方法。其目的是满足业主、建筑工程师、结构工程师、施工单位等多方的设计需求。通过参数化设计过程，上述的重复工作可以利用参数化技术来提高执行的效率。参数化设计过程中，引入一个或多个目标函数来约束设计方案以保证设计结果符合需求，通过调整设计参数获得优化后的设计结果。如此，通过对设计参数的分析和提取就可以得到一系列的目标解以及相应的解决方案。参数化自动生成方案的方法，在与优化算法相结合的情况下，能够替代传统的人工试错法设计模式。通过引入人工智能算法作为一种内嵌设计方案生成器，根据设计者提供的初始输入信息，通过不断迭代计算来确定相应约束条件下的最优设计方案。

事实上，结构智能设计的技术本质是建立在计算机技术之上的。实际应用中，通过建立人工智能模型进行分析和计算可以有效减少设计人员的工作量并提高工作效率。对于已知且相对明确的设计经验，结构工程师可以将其以代码方式保存在计算机中，从而直接参与智能设计算法规则的制定过程，具有更高的灵活性和适应性。此外，结构智能设计可以借助机器学习和其他数据驱动的经验学习方法，通过构建具有自适应能力的智能模型来辅助设计者进行方案设计。结构设计模型的智能化类似于抽象的建模机器，能够在相同的算法规则下不断生成不同的结构方案，从而生成大量的样本供机器学习使用。通过对设计过程中积累下来的历史数据和专家知识的挖掘与整理，有望构建出基于人工智能理论基础上的优化设计方案数据库。既有数据可为制定相关专家系统提供参考，为未来的设计工作积累宝贵的经验,填补初学者设计经验的空白,降低机械操作所需的时间,提高结构设计的工作效率,并增强设计方案的经济效益和合理性。此外,对于新型复杂结构而言,由于其几何形状及材料属性都是未知且难以精确描述的,传统人工分析和修改已经远远不能满足现代设计需求。可以轻易地设想,如果设计师需要手动寻找更优的设计方案,那么构建一个能够进行全面方案比较的结构模型将会消耗大量的时间资源。将智能化技术与参数化建模技术相结合,有望进一步促进结构设计向智能化方向发展。

1.3 工程结构智能设计的基本内容

随着人工智能和计算机技术的快速发展,智能设计在土木工程领域中的应用越来越广泛。结构智能设计旨在利用人工智能技术自动化生成、评估和优化工程结构设计结果,从而提高设计效率和质量。本节简要介绍土木工程结构中智能设计的基本概念、关键技术和应用案例等方面内容。

1. 工程结构智能设计的基本概念

结构智能设计是指利用人工智能技术实现工程结构的自动化设计过程。通过将机器视觉、机器学习、机器推理、机器行为等技术应用于结构设计,实现结构形态的生成、参数优化和性能评估等目标。

相比传统的设计方法,结构智能设计的优势在于,结构智能设计可以显著提高设计效率,减少人为错误的发生,实现结构形态的多样性和创新性,适应多约束条件和多目标优化等。尽管结构智能设计有很多潜力和优势,但也面临一些挑战,如需要大量的训练数据和计算资源、模型的可解释性和适应性、算法的鲁棒性和健壮性等。

2. 工程结构智能设计的关键技术

1)机器视觉技术

机器视觉技术能够利用图像处理和模式识别等技术,对工程结构的形态、材料和荷载进行分析和识别,从而实现结构形态的生成和参数化设计。

图像处理是计算机视觉的基础,通过对工程结构的图像进行预处理、增强和分割等操作,提取有用的信息。例如,可以利用图像处理技术对建筑物的外观进行分析,获取建筑物的基本几何形状和结构特征,如图1-5所示。

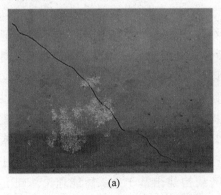
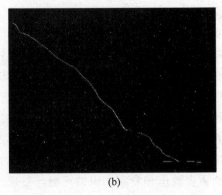

(a) (b)

图1-5 图像分割识别裂缝[12]

(a)原始图像;(b)阈值法分割图像

通过图像处理技术,可以提取工程结构图像的特征,如边缘、角点、纹理等,如图1-6所示。提取的特征可以作为结构形态生成和参数优化的输入信息。

图1-6 特征提取前后模型对比[13]
(a) 模型处理前;(b) 模型处理后

模式识别是计算机视觉的核心任务之一,通过模型训练学习工程结构的规律和特征。例如,可以利用机器学习算法对大量工程结构图像进行分类和识别,以实现结构形态的自动化生成。

2) 机器学习技术

机器学习技术是工程结构智能设计中的核心技术之一。它可以通过对大量数据的学习和分析,实现结构设计的参数化和优化。机器学习是人工智能研究的一个主要组成内容,通常分为监督学习、无监督学习和强化学习,如图1-7所示。

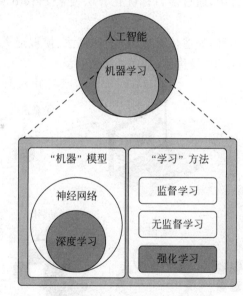

图1-7 机器学习分类

监督学习是一种通过有标签数据学习输入和输出之间的映射关系的方法。在工程结构智能设计中,可以利用监督学习算法学习结构设计的规律和特征,实现结构参数的优化和预测。

无监督学习是一种不依赖于标记数据的学习方法,它可以自动发掘数据中的隐藏规律和结构。在工程结构智能设计中,可以利用无监督学习算法对结构的形态和特征进行聚类分析,帮助设计师生成新的结构形态。

强化学习是一种通过与环境的交互来学习最优策略的方法。在工程结构智能设计中,可以将结构设计过程看作一个强化学习问题,通过与评估器的交互,学习最优的结构设计策略。

3）进化算法

进化算法是一类模拟自然进化过程的优化算法，通过模拟生物进化中的选择、交叉和变异等操作，逐代迭代搜索最优解。在工程结构智能设计中，进化算法被广泛应用于结构参数的优化和形态的生成。

遗传算法是一种经典的进化算法，通过模拟生物的遗传机制，将问题的解表示为染色体，并利用选择、交叉和变异等操作，搜索最优解。在工程结构智能设计中，遗传算法可以用于结构参数的优化和形态的生成。

粒子群算法是一种模拟鸟群或鱼群行为的优化算法，通过模拟粒子的速度和位置更新，搜索最优解。在工程结构智能设计中，粒子群算法也主要用于结构设计参数的优化和形态的生成。

4）多目标优化技术

工程结构设计优化过程通常涉及多个冲突的目标，如结构的安全性、经济性和可持续性等。多目标优化技术可以在多个目标之间寻求平衡，生成一系列的 Pareto 最优解。

Pareto 最优解是指在多目标优化问题中，不能再改进一个目标值而不牺牲其他目标值的解。在工程结构智能设计中，通过多目标优化算法搜索 Pareto 最优解，从而在不同的优化目标之间做出权衡。

多目标优化算法有很多种，如遗传算法、粒子群算法、模拟退火算法等。这些算法通过不同的策略和操作，寻找 Pareto 最优解，如图 1-8 所示。

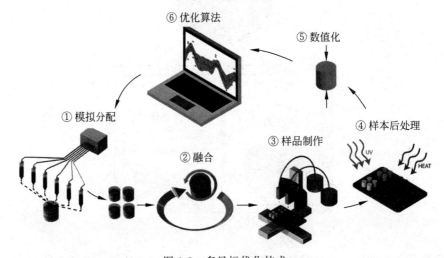

图 1-8　多目标优化技术

5）结构性能评估技术

结构性能评估是工程结构智能设计的重要环节，它通过数值模拟或试验等手段，对设计结果进行性能评估，如结构的强度、刚度和稳定性等。结构性能评估可以作为优化算法的目标函数或约束条件。

数值模拟是一种利用数值方法对结构进行力学分析的技术，如有限元分析、离散元分析等。通过数值模拟，可以对结构的性能进行预测和评估。

试验方法是一种通过实际试验对结构的性能进行评估的技术。通过在实验室或现场进行试验,可以获得结构的力学行为和响应,从而评估设计解的可行性和安全性。

6) 结构可视化和交互设计

结构可视化和交互设计是工程结构智能设计的重要组成部分,它利用计算机图形学和虚拟现实技术,将结构设计结果以可视化的方式展示出来,实现交互式设计和决策。

计算机图形学是一种利用计算机生成和处理图像的技术,通过三维建模、渲染和动画等操作,将结构设计结果以可视化的方式呈现出来。

虚拟现实技术是一种通过计算机模拟和感知技术,创造出一种身临其境的虚拟环境的技术。通过虚拟现实技术,可以模拟工程结构的行为和响应,帮助工程师和设计师评估结构的舒适性和安全性,如图1-9所示。

图1-9　虚拟现实技术

3. 工程结构智能设计的应用案例

结构形态生成是通过计算机视觉和机器学习技术,生成具有特定形态和功能的结构,如桥梁、建筑物和隧道等。例如,通过对大量桥梁图像的训练,可以生成新的桥梁设计方案。

结构参数优化是利用进化算法和多目标优化技术,对结构的参数进行优化,以实现结构的最优设计[7],如图1-10所示。例如,通过遗传算法优化梁柱截面尺寸,以满足既定强度和成本的要求。

结构性能评估是指利用数值模拟和试验等方法,对结构的性能进行分析和预测。通过结合机器学习技术,可以建立缺乏明确理论模型的结构性能预测模型,从而为结构设计提供新的途径。

结构可视化和交互设计利用计算机图形学和虚拟现实技术,将结构设计结果以可视化的方式展示出来,帮助工程师和设计师进行交互式设计和决策。例如,利用虚拟现实技术,可以模拟行人在桥梁上的行走过程,评估桥梁的舒适性和安全性。

工程结构智能设计是将人工智能技术应用于工程结构设计领域,通过自动化生成、评估和优化工程结构设计,提高设计效率和设计质量。以下介绍几个工程结构智能设计的应用案例。

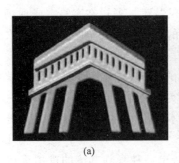 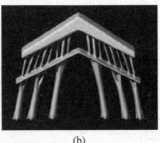 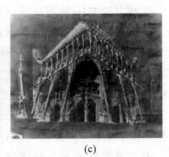

图 1-10　西班牙圣家族大教堂部分建筑结构作为主要受压结构的优化设计[7]
(a) 初始设计；(b) ESO 优化结果；(c) Gaudi 原始手稿的一部分

1) 建筑结构设计

建筑结构设计是工程结构智能设计的一个重要领域。传统的建筑结构设计通常需要经验丰富的工程师进行结构选型和方案布置，费时费力且容易出错。通过应用工程结构智能设计技术，有望实现建筑结构的自动生成和优化设计。

在大型建筑项目设计过程中，需要进行多方案比较以便决策。传统的设计方法需要反复尝试和修改，耗费大量时间和人力资源。而利用工程结构智能设计技术，可以通过输入建筑物的参数和要求，自动生成多种结构形态，并利用优化算法对这些形态进行评估和优化，最终可以得到满足安全性、经济性和美观性等要求的优化设计方案。图 1-11 所示为某项目最终设计方案。

图 1-11　星河雅宝高科创新园项目

2) 桥梁设计

桥梁是交通基础设施的重要组成部分，其设计需要考虑多个因素，如荷载、材料、施工等。传统的桥梁设计通常基于经验布置、非参数化建模分析，设计效率很低。借助工程结构智能设计技术，可以实现桥梁结构的自动生成和参数化优化。

例如，可以利用计算机视觉技术对桥梁的形态和荷载进行分析和识别，并利用机器学习算法学习桥梁的结构规律和特征。通过输入桥梁的要求和条件，系统可以自动生成多种桥梁结构形态，并利用优化算法对这些形态进行评估和优化。最终得到满足安全性、经济性和施工可行性等要求的优化设计方案。

3）钢桁架设计

钢桁架设计过程中,可以利用计算机视觉技术对桁架的拓扑结构和形态进行分析和识别,并利用机器学习算法学习桁架拓扑结构组成与杆件受力之间的规律。通过输入设计参数,系统可以自动化生成多种桁架拓扑形态,并利用优化算法对这些形态进行评估和优化,最终可以得到满足安全性、经济性和施工可行性等要求的优化设计方案,如图1-12所示。

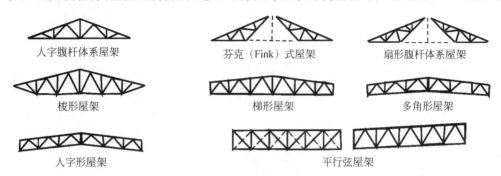

图 1-12　不同外形的平面屋架

4）混凝土薄壳结构设计

混凝土薄壳结构设计时,可以利用计算机视觉技术对混凝土结构的形态进行分析和识别,并利用机器学习算法学习混凝土薄壳结构构型与其受力特征之间的规律。通过适当的设计条件,系统可以自动生成多种混凝土结构形态,并利用优化算法对这些形态进行评估和优化,最终得到可接受的设计结果,如图1-13所示。

图 1-13　混凝土结构设计

当前,土木工程结构智能设计发展方兴未艾,其应用案例涵盖了结构形态生成、参数优化、性能评估和可视化交互等多个方面。尽管目前仍面临挑战,但随着人工智能和计算机技术的不断发展,结构智能设计技术必将在土木工程领域中得到更加广泛的应用。

练习题

[1-1]　选择一个人工智能模型(如 ChatGPT Deepseek),检验该模型是否可以对拟开展的结构设计问题提供有效的答复。

结构智能设计理论基础

优化是一个人们熟知的概念：开车时希望走最短路线，购物时考虑各种优惠组合以便获得最大优惠，研发新产品时综合考虑成本与市场吸引力对资金进行合理配置，结构设计时考虑材料用量最少确定设计方案等。这些问题均可归结为数学中的最优化问题，如在优化建模过程中引入机器感知、机器学习、机器推理、机器行为等技术则形成人工智能技术。事实上，机器学习过程本质上也是一个寻优的过程。

优化设计理论是指通过数学、计算机科学、工程学等领域的方法来解决优化问题的一种理论。其基本思想是在给定的约束条件下，寻求最优的解决方案。优化设计理论的应用非常广泛，如工程设计、制造、运输、金融、医学等领域。优化设计理论包括多种方法，如数学规划、遗传算法、神经网络、贝叶斯优化等。这些方法都有各自的特点和适用范围，可以根据具体问题的特点来选择合适的方法。在应用优化设计理论时，需要考虑各种因素，如设计变量的选择、目标函数的设置、约束条件的定义等，以确保优化结果的可靠性和可行性。机器学习算法为现代工程设计提供了非传统建模工具和方法，可以帮助设计人员更好地解决设计问题，提高设计效率和质量。

本章主要介绍结构智能设计涉及的优化设计基本理论和人工智能算法。首先，介绍优化理论的数学基础、搜索方法、无约束问题求解方法、约束问题求解方法及多目标优化问题。然后，介绍知识表示、知识学习、机器推理等人工智能算法。

2.1 优化设计理论

优化设计是工程设计领域的重要理论和方法，旨在寻求满足设计要求的最优方案。优化设计的应用范围广泛，涉及建筑结构、机械设计、航空航天、汽车设计等领域。随着计算机技术和人工智能技术的不断发展，优化设计理论和方法与之结合也得到新的发展和应用。

然而，优化设计仍面临一些挑战。一方面，数学模型的建立和求解过程中存在误差和不确定性，需要进一步研究如何提高模型的精度和鲁棒性；另一方面，优化算法的性能和效率需要进一步提高，特别是在多目标优化中，需要研究如何平衡不同目标间的矛盾。此外，优化设计需要考虑实际工程应用的限制和约束，需要从理论和实践两个方面进行深入研究。如何解决以上的挑战性问题？一方面，需要探索新的数学方法和算法，以提高模型的精度和求解效率。例如，基于深度学习和强化学习的优化设计方法，可以通过学习实验数据来不断改进设计方案。另一方面，需要考虑工程应用的实际情况，基于实验数据和现场测试结果，缩小可行解区域，从而提高优化效率。

总之，优化设计是工程设计领域的重要理论和方法，其发展与更新需要不断探索新的数学方法和算法。特别是当前人工智能算法和大数据的不断发展，为结构智能设计方法的发展和实践提供了前所未有的机遇。

2.1.1 优化设计问题的数学描述

优化问题是指在给定约束条件下，求解目标函数最优解的问题。常见的优化问题有线性规划、非线性规划、整数规划等[14]。在数学上，这些问题可以用不等式、等式和目标函数所构成的数学模型来描述，从而使得优化问题严格化、明确化和具体化。通过数学描述，可以将问题转化为具有明确目标和限制条件的数学形式，从而可以应用数学优化方法解决问题。另外，数学描述也能够使问题变得更加普适，具有更广泛的适用性。本节从问题的背景、重要性、数学模型的构建及求解算法等方面进行介绍。

1. 基本概念

数学描述[15]是指用数学定义、公式和符号等方式准确地表达出一个概念或者问题，在数学领域中广泛应用。例如，对于一个集合，可以利用集合论中的定义和符号来准确描述它的内容；对于一个线性方程组，可以使用向量和矩阵的符号来描述它的解法。优化数学描述是为了研究优化问题的基本概念和结构，为后续优化方法研究和应用提供基础。

运用最优化方法建立并求解数学模型，主要包括以下步骤：

(1) 确定目标函数和约束条件：在工程设计中，需要先明确设计的目标，如最小化成本、最大化效益等，同时需要考虑各种约束条件，如结构强度、材料限制、施工条件等，将这些内容转化为数学描述。

(2) 建立数学模型：将目标函数和约束条件转化为一组数学方程，建立数学模型。

(3) 选择优化算法：根据数学模型的特点，选择适合的优化算法进行求解。常见的优化方法包括线性规划、非线性规划、整数规划、动态规划、遗传算法等。

(4) 模型求解：将选定的优化算法应用于建立的数学模型，求解出最佳的设计方案。

(5) 结果分析：对优化结果进行分析，评估设计方案的可行性和优劣性。

以下对上述优化问题进行更详细的说明。

优化问题通常可以表示为

$$\min f(\boldsymbol{x}), \quad \boldsymbol{x}=(x_1,\cdots,x_n)^{\mathrm{T}} \\ \text{s.t.} \ g_i(\boldsymbol{x}) \geqslant 0, \quad i=1,2,\cdots,m \tag{2-1}$$

式中，$\boldsymbol{x}$ 为设计变量；$f(\boldsymbol{x})$ 为目标函数；$g_i(\boldsymbol{x}) \geqslant 0$ 为约束条件。

优化问题中需要定义设计变量、约束条件和目标函数。

设计变量：可以调整的设计要素。如设计时结构的拓扑结构、构件尺寸、材料性能等。

约束条件：对于设计变量的限制条件，通常可分为等式约束和不等式约束，表示为 $g(\boldsymbol{x})=0, g(\boldsymbol{x}) \leqslant 0$ 或 $g(\boldsymbol{x}) \geqslant 0$。例如，设计时结构的平衡方程、应力和变形的限值等。

目标函数：指优化的最小化或最大化指标，通常表示为 $f(\boldsymbol{x})$。例如，结构设计时材料用量最小目标等。

例 2.1 背包问题(knapsack problem)

设有一个容积为 b 的背包,以及 n 个尺寸分别为 $a_i(i=1,2,\cdots,n)$,价值分别为 $c_i(i=1,2,\cdots,n)$ 的物品,如何以最大的价值装包?

解 该优化问题的数学描述为:

目标函数:包内所装物品的价值最大

$$\max \sum_{i=1}^{n} c_i x_i \tag{2-2}$$

约束条件:

$$\text{s.t.} \sum_{i=1}^{n} a_i x_i \leqslant b, \quad x_i \in \{0,1\}, \quad i=1,2,\cdots,n \tag{2-3}$$

其中:式(2-2)表示包的能力限制,$x_i=1$ 表示装第 i 个物品,$x_i=0$ 表示不装第 i 个物品。

例 2.2 两杆平面桁架优化问题

试选择 B 和 H,使得两杆平面桁架重量最小,两杆平面桁架受力如图 2-1 所示。

解 该优化问题的数学描述为:

目标函数

$$\min W = 2\pi \rho D t \sqrt{B^2 + H^2} \tag{2-4}$$

式中,t 为杆件厚度;ρ 为材料的密度。

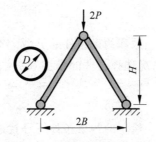

图 2-1 两杆平面桁架受力图

约束条件

$$\text{s.t.} \begin{cases} \dfrac{P\sqrt{B^2+H^2}}{\pi t D H} \leqslant \sigma_{\text{cr}} = \dfrac{\pi^2 EJ}{L^2 A} = \dfrac{\pi^2 ED^2}{8(B^2+H^2)} & \text{屈曲条件} \\ J \approx \dfrac{\pi D^3 t}{8}, \quad A \approx \pi D t, \quad L = \sqrt{B^2+H^2} \\ \dfrac{P\sqrt{B^2+H^2}}{\pi t D H} \leqslant [\sigma] & \text{强度条件} \\ D_{\min} \leqslant D \leqslant D_{\max}; \quad H_{\min} \leqslant H \leqslant H_{\max} & \text{几何条件} \end{cases} \tag{2-5}$$

可见,通过定义设计变量、约束条件和目标函数,可以建立一个数学模型,用于优化决策变量以满足特定的需求和限制条件。下面对一些基本的函数及输入、输出变量进行列举。常见优化问题的数学描述可参见表 2-1。

表 2-1　优化问题的数学描述函数

类　　型	模　　型
一元函数极小	$\min f(x)$ s.t. $x_1 < x < x_2$
无约束极小	$\min f(\boldsymbol{x})$
线性规划	$\min \boldsymbol{c}^\mathrm{T}\boldsymbol{x}$ s.t. $\boldsymbol{Ax} \leqslant \boldsymbol{b}$
二次规划	$\min \frac{1}{2}\boldsymbol{x}^\mathrm{T}\boldsymbol{Hx} + \boldsymbol{c}^\mathrm{T}\boldsymbol{x}$ s.t. $\boldsymbol{Ax} \leqslant \boldsymbol{0}$
约束极小问题 （非线性规划）	$\min F(\boldsymbol{x})$ s.t. $g(\boldsymbol{x}) \leqslant 0$

为了求解上述优化问题，涉及的数学基础包括线性代数和矩阵论、微积分、概率论、数值方法、凸优化等。在优化问题中，线性代数主要用于矩阵运算和向量空间的理论，如矩阵求逆、特征值分解等，这些技术在优化问题中经常用于解决线性方程组、最小二乘法、主成分分析等问题。微积分则是优化问题中最为重要的数学工具之一，主要用于求解函数的极值和梯度，并基于此构造优化问题解的格式。例如，梯度下降法、牛顿法等。凸优化则是优化问题中最为重要的理论基础之一，它主要用于处理带有约束的优化问题，其中约束条件通常表现为凸集。凸优化理论不仅可以用于构造高效的优化算法，还可以从理论上保证优化问题解的全局性。

2．优化问题的分类及特点

优化问题的分类取决于目标函数和约束条件的类型。不同类型的优化问题有其各自的特点和求解方法，需要根据具体情况选择合适的模型和算法。优化问题通常可以分为以下几类。

1) 约束和无约束的优化

约束优化和无约束优化都是在给定的约束条件下寻找最优解或者在没有约束条件的情况下寻找最优解。绝大多数实际优化问题为约束优化问题。如果变量有自然约束，有时可以忽略它们，并假设它们对最优解没有影响，则为无约束优化问题。此外，有些时候可以将约束条件作为罚函数表示为目标函数，则约束优化问题转化为无约束优化问题。

当目标函数和所有约束条件都是线性函数时，问题是线性规划问题。管理科学和运筹学广泛使用线性模型。非线性规划问题，则指其中至少有一个约束或目标是非线性函数，往往在物理科学和工程中自然出现。约束优化问题的求解通常比无约束优化问题的求解更具有挑战性，因为它涉及寻找最优解并且满足一些特定的条件。

2) 全局优化和局部优化

全局优化指的是在整个搜索空间中找到全局最优解，也就是在整个问题的解空间中找到最优解。这种优化方法一般需要遍历整个搜索空间，效率较低，但可以保证找到全局最优解。局部优化指的是在搜索空间的某一部分找到局部最优解，也就是在问题的解空间的某个子域内找到最优解。局部优化方法一般比全局优化要快，但无法保证找到全局最优解。例如，机器学习中常常需要通过训练模型来最小化损失函数。全局优化方法可以通过遍历整个参数空间来找到最小化损失函数的参数,如梯度下降法、遗传算法等。而局部优化方法则可以通过局部搜索来找到一些相对较优的参数,如 Hill Climbing、模拟退火等。在某些应用中,全局解是必要的(或者至少是非常理想的),但是它们通常难以识别,甚至更难以定位。

3) 随机优化与确定性优化

随机优化[16](stochastic optimization)是一类在求解最优化问题时考虑随机性的方法。与传统的确定性优化方法不同,随机优化在搜索解空间时引入随机性,以期望能够更好地探索解空间并找到更优的解。随机优化方法通常基于随机搜索和随机采样的思想。它通过随机生成候选解,并使用一定的策略来选择、评估和更新这些候选解,以逐步逼近最优解。常见的随机优化算法包括遗传算法、模拟退火算法、粒子群优化等。相比确定性优化方法,随机优化具有以下特点。

(1) 探索能力强:随机优化方法能够以一定的概率接受较差的解,从而有助于跳出局部最优解,更全面地搜索解空间。

(2) 对噪声鲁棒性强:由于引入了随机性,随机优化方法对输入数据中的噪声具有一定的鲁棒性,能够在数据存在波动或不确定性的情况下仍然有效。

(3) 计算复杂度高:由于需要进行多次随机采样和评估,随机优化方法在计算上通常比确定性优化方法更为复杂和耗时。

随机优化方法在许多领域中都有广泛的应用,如机器学习、数据挖掘、工程设计、金融投资等。它可以帮助解决一些复杂的问题,寻找最优或近似最优的解。

4) 线性规划与非线性规划

线性规划是一种优化技术,用于最大化或最小化线性目标函数的线性约束条件下的变量。线性规划的目标函数和约束条件都是线性的,即可用线性方程组来表示。线性规划的特点是求解效率高,求解算法成熟,可以得到全局最优解。而非线性规划则是指目标函数和(或)约束条件中至少有一项是非线性的优化问题。非线性规划的特点是问题复杂度高,求解难度大,可能存在多个局部最优解,无法保证一定能得到全局最优解。

由于线性规划问题的特殊性质,线性规划可以使用线性代数的方法来求解,求解速度相对较快且比较稳定。而非线性规划问题的目标函数和约束条件都是一般的非线性函数,求解难度较大,通常需要使用迭代算法或者数值优化算法来求解。

5) 凸优化与非凸优化

凸优化和非凸优化是数学优化中的两个重要的基本概念。凸优化是指在优化问题中,目标函数是约束条件凸函数的优化问题。凸集合是指任意两点之间的连线一定在该集合内的集合。凸优化算法具有全局最优解的收敛性保证,如线性规划、二次规划、半正定规划等。

非凸优化是指在优化问题中,目标函数或约束条件是非凸集合的优化问题。非凸集合是指存在两点之间的连线不一定在该集合内的集合。非凸优化通常需要使用启发式或者随机算法来求解,如遗传算法、模拟退火、粒子群优化等。

通常条件下,凸优化问题具有较好的收敛性保证,而非凸优化问题则需要更复杂的算法来求解。

3. 优化问题求解的策略

一维搜索方法是一类基本的优化问题求解迭代算法。其基本思想是从一个初始点出

发,沿着一个搜索方向进行一维搜索,以找到一个可以使目标函数下降的步长。具体步骤如下:

① 确定初始点和搜索方向;
② 选择一个步长(比如固定步长或者使用一些启发式方法来确定步长);
③ 在搜索方向上移动一步,并计算目标函数在新位置的值;
④ 如果目标函数下降,则继续,否则缩小步长再尝试;
⑤ 重复步骤③和步骤④,直到目标函数下降到一个足够小的值,或者达到了停止准则。

常见的线搜索方法有 Armijo 搜索、Wolfe 搜索和 Goldstein 搜索等。这些方法的主要区别在于如何选择步长和如何判断是否满足停止准则。线搜索方法常用于优化算法的子步中,如共轭梯度法、牛顿法和拟牛顿法等。

一维搜索方法的策略是,先确定优化变量的更新方向 p_k,然后在该方向上确定一个最佳的步长 α,使得目标函数沿着该方向前进 α 距离后下降最多。相当于求解

$$\min_{\alpha>0} f(x_k + \alpha p_k) \tag{2-6}$$

以下详细介绍一维搜索方法求解优化问题。

2.1.2 一维搜索方法

一维搜索方法是指目标函数为一元单值函数的优化问题,一维问题的求解方法统称为一维搜索方法。一维搜索方法主要有黄金分割法、斐波那契数列方法、二分法、割线法、牛顿法。以下重点介绍二分法、牛顿法。

1. 二分法

二分法(binary search)是一种常见的查找算法,也称为折半查找。因为每次查找都将查找区间缩小一半,所以其效率非常高,但要求区间初值的函数值异号。

假定 $f(x)$ 在区间 (x,y) 上连续,先找到 a、b 属于的区间 (x,y) 使 $f(a)$,$f(b)$ 异号,说明在区间 (a,b) 内一定有零点,然后求 $f[(a+b)/2]$。

现在假设 $f(a)<0, f(b)>0, a<b$。

① 如果 $f[(a+b)/2]=0$,该点就是零点;
② 如果 $f[(a+b)/2]<0$,则在区间 $((a+b)/2,b)$ 内有零点,取 $(a+b)/2$ 为 a 的新值,从①开始继续使用中点函数值判断;
③ 如果 $f[(a+b)/2]>0$,则在区间 $(a,(a+b)/2)$ 内有零点,将 $(a+b)/2$ 赋给 b,从①开始,使用中点函数值判断。如此循环可以不断接近零点。当区间小于误差限值时,结束迭代过程。

从以上可以看出,每次运算后,区间长度减少一半,是线性收敛。另外,二分法不能计算复根和重根。二分法的实现可参见如下代码(Python 语言)。

```python
def binary_search(arr, target):
    left = 0
    right = len(arr) - 1

    while left <= right:
        mid = (left + right)            // 2
```

```
            if arr[mid] == target:
                return mid
            elif arr[mid] < target:
                left = mid + 1
            else:
                right = mid - 1
    return -1                          # 如果目标值未找到,返回 -1
# 示例
arr = [2, 5, 8, 12, 16, 23, 38, 56, 72, 91]
target = 23
result = binary_search(arr, target)
if result != -1:
    print("元素在数组中的索引为", str(result))
else:
    print("元素不在数组中")
```

这段代码定义了一个名为"binary_search"的函数,它接受一个已排序的数组和一个目标值作为输入,并返回目标值在数组中的索引(如果存在)或 -1(如果不存在)。

该函数使用了一个"while"循环来执行二分查找算法。首先,初始化"left"和"right"两个指针,分别指向数组的第一个和最后一个位置。然后,在每次循环中计算出中间位置"mid",并将目标值与"arr[mid]"进行比较。如果相等,则返回"mid"。否则,如果"arr[mid]"小于目标值,则说明目标值在右半部分,将"left"指针设置为"mid+1"。如果"arr[mid]"大于目标值,则说明目标值在左半部分,将"right"指针设置为"mid-1"。重复这个过程,直到找到目标值或"left > right"。如果目标值未找到,则返回 -1。

其中给出了一个数组"arr"和目标值"target"。如果目标值在数组中存在,则输出它的索引;否则输出"元素不在数组中"。

2. **牛顿法**

牛顿法是一种可用于求解非线性方程的迭代方法。牛顿法利用函数的一阶和二阶导数信息来构造近似的函数,然后通过迭代求解近似函数的零点来逼近原函数的解。

对函数 $f(x)$ 在 x_0 点处做泰勒展开至二阶精度,则有:

$$f(x) \approx f(x_0) + f'(x_0)(x-x_0) + \frac{1}{2}f''(x_0)(x-x_0)^2 \tag{2-7}$$

对式(2-7)两边同时求导,并令导数为 0,可以得到下面的方程:

$$f'(x) = f'(x_0) + f''(x_0)(x-x_0) = 0 \tag{2-8}$$

解得:

$$x = x_0 - \frac{f'(x_0)}{f''(x_0)} \tag{2-9}$$

这就是牛顿法的基本格式。从当前解 x_i 出发,可以通过以下牛顿法迭代格式获得下一步近似解:

$$x_{i+1} = x_i - \frac{f'(x_i)}{f''(x_i)} \tag{2-10}$$

给定初始迭代点 x_0,反复用上面的公式进行迭代,直至达到导数为 0 的点或者达到最大迭代次数。

多元函数时,根据多元函数的泰勒展开公式,对函数在 x_0 点处做泰勒展开,则有:

$$f(\boldsymbol{x}) = f(\boldsymbol{x}_0) + \nabla f(\boldsymbol{x}_0)^{\mathrm{T}} (\boldsymbol{x} - \boldsymbol{x}_0) + \frac{1}{2} (\boldsymbol{x} - \boldsymbol{x}_0)^{\mathrm{T}} \nabla^2 f(\boldsymbol{x}_0) (\boldsymbol{x} - \boldsymbol{x}_0) \tag{2-11}$$

对式(2-11)两边同时求梯度,得到函数的梯度向量为:

$$\nabla f(\boldsymbol{x}_0) = \nabla f(\boldsymbol{x}_0) + \nabla^2 f(\boldsymbol{x}_0)(\boldsymbol{x} - \boldsymbol{x}_0) \tag{2-12}$$

式中,$\nabla^2 f(\boldsymbol{x}_0)$ 为 Hesse 矩阵,记为 $\boldsymbol{H}$。令式(2-12)为 0,则有:

$$\boldsymbol{x} = \boldsymbol{x}_0 - (\nabla^2 f(\boldsymbol{x}_0))^{-1} \nabla f(\boldsymbol{x}_0) \tag{2-13}$$

将梯度向量 $\nabla f(\boldsymbol{x})$ 简写为 $\boldsymbol{g}$,则可得多元函数牛顿迭代格式如下:

$$\boldsymbol{x}_{k+1} = \boldsymbol{x}_k - \boldsymbol{H}_k^{-1} \boldsymbol{g}_k \tag{2-14}$$

式中,$-\boldsymbol{H}_k^{-1} \boldsymbol{g}_k$ 称为牛顿方向。从初始点 $\boldsymbol{x}_0$ 开始,通过上述牛顿格式反复迭代可以获得多元函数的解。迭代终止的条件是梯度的模接近于 0,或者误差范数小于指定阈值。

值得注意的是,牛顿法每一次迭代需要计算一次梯度向量和 Hesse 矩阵,并求解一个线性方程组,导致计算量增大、Hesse 矩阵不可逆或计算困难等问题。

牛顿迭代法的主要步骤如下:

① 给定初始值 x_0 和解精度预制 ε,设置 $k=0$;
② 计算梯度 $\boldsymbol{g}_k$ 和 Hesse 矩阵 $\boldsymbol{H}_k$;
③ 如果 $\|\boldsymbol{g}_k\| < \varepsilon$,即在此点处梯度的值接近于 0,则达到极值点处,迭代停止;
④ 计算搜索方向 $\boldsymbol{d}_k = -\boldsymbol{H}_k^{-1} \boldsymbol{g}_k$;
⑤ 计算新的迭代点 $\boldsymbol{x}_{k+1} = \boldsymbol{x}_k + \gamma \boldsymbol{d}_k$;
⑥ 令 $k = k+1$,返回步骤②。

例 2.3 利用牛顿法求解如下函数的极小点:

$$f(x) = \frac{1}{2} x^2 - \sin x$$

解 初始值设为 $x^{(0)} = 0.5$,精度为 $\varepsilon = 1 \times 10^{-5}$,即当 $|x^{(k+1)} - x^{(k)}| < \varepsilon$ 时停止迭代。

$$f'(x) = x - \cos x, \quad f''(x) = 1 + \sin x$$

$$x^{(k+1)} = x^{(k)} - \frac{f'(x^{(k)})}{f''(x^{(k)})}$$

$$x^{(1)} = 0.5 - \frac{0.5 - \cos 0.5}{1 + \sin 0.5}$$

$$= 0.5 - \frac{-0.3775}{1.479}$$

$$= 0.7552$$

重复迭代过程,可得

$$x^{(2)} = x^{(1)} - \frac{f'(x^{(1)})}{f''(x^{(1)})} = x^{(1)} - \frac{0.02710}{1.685} = 0.7391$$

$$x^{(3)} = x^{(2)} - \frac{f'(x^{(2)})}{f''(x^{(2)})} = x^{(2)} - \frac{9.461 \times 10^{-5}}{1.673} = 0.7390$$

$$x^{(4)} = x^{(3)} - \frac{f'(x^{(3)})}{f''(x^{(3)})} = x^{(3)} - \frac{1.17 \times 10^{-9}}{1.673} = 0.7390$$

由于 $|x^{(4)} - x^{(3)}| < \varepsilon = 1 \times 10^{-5}$，迭代结束。$x^{(4)}$ 处的一阶导数为 $f'(x^{(4)}) = -8.6 \times 10^{-6} \approx 0$，且二阶导数 $f''(x^{(4)}) = 1.673 > 0$，说明 $x^* \approx x^{(4)}$ 是一个极小点。

牛顿法求解 $f(x) = \frac{1}{2}x^2 - \sin x$ 的 Python 代码如下：

```
import math
def f(x):
    return 0.5 * x ** 2 - math.sin(x)
def df(x):
    return x - math.cos(x)
def newton_method(x0, tol = 1e-6, max_iter = 100):
    for i in range(max_iter):
        fx = f(x0)
        dfx = df(x0)
        if abs(fx) < tol:
            return x0
        x0 = x0 - fx/ dfx
    return x0
# 示例
x0 = 1.0                                    # 初始值
root = newton_method(x0)
print("函数的零点为:",root)
print("函数在此处的值为:",f(root))
```

使用初始值"x0=1.0"来调用"newton_method"函数，并输出找到的零点和在此处的函数值。同时可以尝试不同的初始值来查看它们是否会对结果产生影响。上述代码运行结果如下：

函数的零点为：1.4044148241162657
函数在此处的值为：2.9522273514714925e−11

3. 多维优化问题中的一维搜索

一维搜索通常是指在一维空间中寻找函数的最小值或最大值，是求解多维优化问题的一种基本方法。假设需要最小化一个二元函数 $f(x, y)$，其中 x 和 y 是函数的两个变量。可以通过固定其中一个变量，将问题转换为一个一元函数的最小化问题，并使用一维搜索算法来求解这个问题。例如，可以先固定 y 的值，然后在 x 的范围内进行搜索，找到能够使得 $f(x, y)$ 最小化的 x 值。然后，可以反复进行这个过程，每次固定一个变量，进行一维搜索，直到找到最优解。事实上，在多维优化问题的求解过程中，通常每次迭代的过程中都包括一维搜索过程。

令目标函数 $f(\boldsymbol{x}): \mathbf{R}^n \to \mathbf{R}$，求其极小点的迭代算法中的迭代公式为：

$$\boldsymbol{x}^{(k+1)} = \boldsymbol{x}^{(k)} + \alpha_k \boldsymbol{d}^{(k)} \tag{2-15}$$

式中，$\alpha_k \geq 0$ 为步长，使函数 $\phi(\alpha_k) = f(\boldsymbol{x}^{(k)} + \alpha_k \boldsymbol{d}^{(k)})$ 达到最小；$\boldsymbol{d}^{(k)}$ 为搜索方向，如梯度

方向。

上述一维搜索方法可以用来求解 $\phi_k(\alpha) = f(\boldsymbol{x}^{(k)} + \alpha_k \boldsymbol{d}^{(k)})$ 中的极小点,其中参数 α_k 作为求极值参数,属于一维情况。以下为一个在多维优化问题中的一维搜索应用示例。

在这个示例代码中定义了一个简单的二元目标函数 $f(x, y) = x^2 + y^2$,并且定义了它的梯度函数"df"。然后,使用"one_dimensional_search"函数进行一维搜索,并将搜索路径上的点可视化在函数曲面上。最后,使用 Matplotlib 的 3D 绘图功能展示函数曲面和搜索路径,如图 2-2 所示。

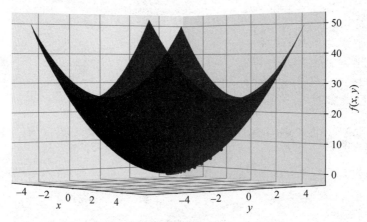

图 2-2 多维优化问题中的一维搜索

```
import numpy as np
import matplotlib.pyplot as plt
from mpl_toolkits.mplot3d import Axes3D
# 定义目标函数
def f(x, y):
    return x ** 2 + y ** 2
# 定义目标函数的导数(梯度)
def df(x, y):
    return np.array([2 * x, 2 * y])
# 定义一维搜索函数
def one_dimensional_search(f, df, x, y, alpha, num_steps):
    x_values = [x]
    y_values = [y]
    z_values = [f(x, y)]
    for i in range(num_steps):
        gradient = df(x, y)
        x = x - alpha * gradient[0]
        y = y - alpha * gradient[1]
        x_values.append(x)
        y_values.append(y)
        z_values.append(f(x, y))
    return x_values, y_values, z_values
# 设置初始点和搜索步数
initial_x = 2
initial_y = 2
```

```
alpha = 0.1
num_steps = 20
# 进行一维搜索
x_values, y_values, z_values = one_dimensional_search(f, df, initial_x, initial_y, alpha,
num_steps)
# 可视化函数曲面和搜索路径
fig = plt.figure()
ax = fig.add_subplot(111, projection = '3d')
x = np.linspace(-5, 5, 100)
y = np.linspace(-5, 5, 100)
X, Y = np.meshgrid(x, y)
Z = f(X, Y)
ax.plot_surface(X, Y, Z, alpha = 0.8)
ax.scatter(x_values, y_values, z_values, color = 'red', label = 'Search Path')
ax.set_title('One-dimensional Search in Multivariate Optimization')
ax.set_xlabel('x')
ax.set_ylabel('y')
ax.set_zlabel('f(x, y)')
plt.show()
```

2.1.3 搜索方向梯度理论

方向导数、梯度和 Hesse 矩阵都是数学中与多元函数相关的概念。方向导数、梯度和 Hesse 矩阵都是优化中的重要工具,它们分别用于描述函数在某个方向的变化率、函数在某点的最速上升方向和函数的二阶导数信息。

1. 方向导数

方向导数描述了函数在某个方向上的变化率,用于确定函数在某个点上的最陡下降方向。在优化问题中,方向导数常用于确定搜索方向。例如,梯度下降法中的搜索方向就是当前点的负梯度方向,如图 2-3 所示。

如函数 $z=w(x,y)$ 在点 $P(x,y)$ 可微,则存在函数在该点沿任意方向 l 的方向导数:

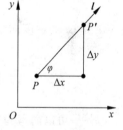

图 2-3 方向导数的定义

$$\frac{\partial w}{\partial l}=\frac{\partial w}{\partial x}\cos\varphi+\frac{\partial w}{\partial y}\sin\varphi \tag{2-16}$$

对于二元函数 $z=w(x,y)$,偏导的几何意义是平行于 x 轴或 y 轴方向的垂直平面上截线的斜率。类似地,方向导数就是某一方向上垂直平面截线在该方向的斜率。如图 2-4 所示,P_1 和 P_2 点沿着 u 方向切线的斜率就是这两点在 u 方向上的方向导数。如果以单位速度沿着 u 的方向运动,设 s 是运动的距离,轨迹向量 r 是点运动的轨迹。对于直线轨迹,$s=|r|$。现设轨迹向量 r 是关于运动距离的函数,$r=r(s)$,那么 r 的变化率是单位向量 u,也就是 r 的导数 $dr/ds=u$。u 是和 r 同向的单位向量,现将 u 作为下标代入 dw/ds,表示沿 u 方向移动的导数:

$$\left.\frac{dw}{ds}\right|_{\hat{u}}=\nabla w \cdot \frac{d\hat{r}}{ds}=\nabla w \cdot u=|\nabla w|\cos\theta \tag{2-17}$$

这就是在 u 方向上的方向导数公式。

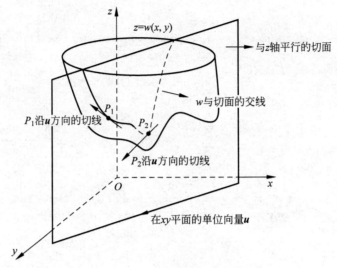

图 2-4　方向导数的几何意义

2．梯度

1）梯度的定义

设多元函数 $z=w(x,y,z)$ 的参数方程为：$x=x(t),y=y(t),z=z(t)$，根据链式求导法则

$$\frac{\partial w}{\partial t}=w_x\frac{\mathrm{d}x}{\mathrm{d}t}+w_y\frac{\mathrm{d}y}{\mathrm{d}t}+w_z\frac{\mathrm{d}z}{\mathrm{d}t} \tag{2-18}$$

记 ∇w 是 w 的梯度向量，简称梯度，$\mathrm{d}\boldsymbol{r}/\mathrm{d}t$ 是 w 变化速率的向量，即

$$\nabla w=(w_x,w_y,w_z) \tag{2-19}$$

$$\frac{\mathrm{d}\boldsymbol{r}}{\mathrm{d}t}=\left(\frac{\mathrm{d}x}{\mathrm{d}t},\frac{\mathrm{d}y}{\mathrm{d}t},\frac{\mathrm{d}z}{\mathrm{d}t}\right) \tag{2-20}$$

则 $\dfrac{\mathrm{d}w}{\mathrm{d}t}$ 可以简写为 ∇w 和 $\dfrac{\mathrm{d}\boldsymbol{r}}{\mathrm{d}t}$ 的点积

$$\frac{\mathrm{d}w}{\mathrm{d}t}=\nabla w\cdot\frac{\mathrm{d}\boldsymbol{r}}{\mathrm{d}t} \tag{2-21}$$

在优化中，梯度常用于确定搜索方向和计算函数的局部最小值点。例如，在梯度下降法中沿着负梯度方向不断搜索，直到找到函数的局部最小值点。

2）梯度的性质

梯度的一个重要性质是：梯度垂直于等值面。如果令 w 的函数值取常数，则梯度向量垂直于原函数的等值面。例如，平面直角坐标系圆的方程为 $w(x,y)=x^2+y^2=C$，在 $w=C$ 上任意一点 (x,y) 的梯度向量为：

$$\nabla w(x,y)=\left(\frac{\partial w}{\partial x},\frac{\partial w}{\partial y}\right)=(2x,2y) \tag{2-22}$$

w 垂直于等值线，即对于任意 (x,y) 的梯度 ∇w，都有 $\nabla w\perp w(x,y)$，如图 2-5 所示。

由此可知，梯度向量垂直于函数在某点的等值面，等同于梯度垂直于该点处的切面，梯

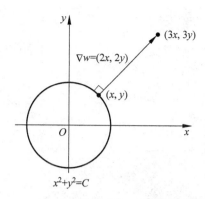

图 2-5 梯度垂直于等值面

度向量就是切平面的法向量。由此可以根据某点的梯度求得函数在该点处的切平面。

例 2.4 求 $x^2+y^2-z^2=4$ 在 $(2,1,1)$ 点处的切平面。

这相当于 $w(x,y,z) = x^2+y^2-z^2$ 在 $w=4$ 时的等值面。在 $(2,1,1)$ 点处：

$$\nabla w = \left(\frac{\partial w}{\partial x}, \frac{\partial w}{\partial y}, \frac{\partial w}{\partial z}\right) = (2x, 2y, -2z)$$

$$\nabla w(2,1,1) = (4, 2, -2)$$

也就是切平面的法向量是 $(4,2,-2)$，切平面是：

$$4x + 2y - 2z = C$$

将 $(2,1,1)$ 代入切平面后，$C=8$，最终得到切平面：

$$2x + y - z = 4$$

图 2-6 是这个三维图形，图 2-7 为切平面位置。

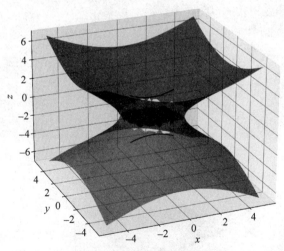

图 2-6 $x^2+y^2-z^2=4$ 三维图形

求解代码（Python 语言）如下：

```
import numpy as np
import matplotlib.pyplot as plt
```

```python
from mpl_toolkits.mplot3d import Axes3D
# 定义函数
def f(x, y):
    return np.sqrt(x ** 2 + y ** 2 - 4)
# 定义点和梯度
point = np.array([2, 1, 1])
gradient = np.array([2 * point[0], 2 * point[1], -2 * point[2]])
# 创建数据点
x = np.linspace(-5, 5, 100)
y = np.linspace(-5, 5, 100)
X, Y = np.meshgrid(x, y)
Z = f(X, Y)
# 创建图形对象和坐标轴
fig = plt.figure()
ax = fig.add_subplot(111, projection = '3d')
# 绘制原曲面
ax.plot_surface(X, Y, Z, alpha = 0.8)
# 计算切平面方程
a, b, c = gradient
d = -np.dot(gradient, point)
Z_plane = (-a * X - b * Y - d) / c
# 绘制切平面
ax.plot_surface(X, Y, Z_plane, alpha = 0.5)
# 绘制切线
xline = np.linspace(point[0] - 1, point[0] + 1, 100)
yline = np.linspace(point[1] - 1, point[1] + 1, 100)
Xline, Yline = np.meshgrid(xline, yline)
Zline = f(Xline, Yline)
ax.plot_surface(Xline, Yline, Zline, alpha = 0.5)
# 设置标题和坐标轴标签
ax.set_title('x^2 + y^2 - z^2 = 4 at (2, 1, 1)')
ax.set_xlabel('x')
ax.set_ylabel('y')
ax.set_zlabel('z')
# 显示图形
plt.show()
```

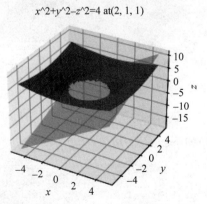

图 2-7　$x^2+y^2-z^2=4$ 图形切平面位置

接下来考察 w 沿着哪个方向变化最快。根据方向导数的计算公式可得：

$$\frac{\partial w}{\partial l} = \frac{\partial w}{\partial x}\cos\varphi + \frac{\partial w}{\partial y}\sin\phi = |\nabla w|\cos\theta \tag{2-23}$$

θ 是梯度与方向 l 上单位矢量之间的夹角。容易发现，当 $\theta = 0$，$\cos\theta = 1$ 时，$\frac{\mathrm{d}w}{\mathrm{d}l}$ 取最大值：

$$\frac{\mathrm{d}w}{\mathrm{d}l} = |\nabla w| \tag{2-24}$$

当 $\theta = \pi$，$\cos\theta = -1$ 时，$\frac{\mathrm{d}w}{\mathrm{d}l}$ 取最小值：

$$\frac{\mathrm{d}w}{\mathrm{d}l} = -|\nabla w| \tag{2-25}$$

当 $\theta = \pi/2$，$\cos\theta = 0$ 时，$\frac{\mathrm{d}w}{\mathrm{d}l}$ 不变。

由此可见：梯度的方向是在给定点处使得 w 值增加最快的方向；沿着梯度的反方向，w 值的减小最快；垂直梯度的方向，也就是与等值面相切的方向，w 保持不变。如果把 w 看作爬山，w 上的给定点是站立的位置，那么梯度方向就是向上攀爬时最陡峭的方向，梯度的逆方向就是下降时最陡峭的方向，梯度垂直方向就是等高线切线方向，如图 2-8 所示。

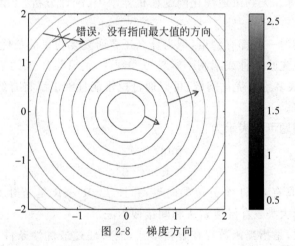

彩图 2-8

图 2-8　梯度方向

3. Hesse 矩阵

由前可知，单变量函数的牛顿迭代格式中包含二阶导数项。对于多变量函数，考虑每个变量的导数就会出现和其他变量的组合，函数的二阶导数即为 Hesse 矩阵。

假设有一实值函数 $f(x_1, x_2, \cdots, x_n)$，如果 f 的所有二阶偏导数都存在并在定义域内连续，那么函数 f 的 Hesse 矩阵为：

$$H = \begin{bmatrix} \dfrac{\partial^2 f}{\partial x_1^2} & \dfrac{\partial^2 f}{\partial x_1 \partial x_2} & \cdots & \dfrac{\partial^2 f}{\partial x_1 \partial x_n} \\ \dfrac{\partial^2 f}{\partial x_2 \partial x_1} & \dfrac{\partial^2 f}{\partial x_2^2} & \cdots & \dfrac{\partial^2 f}{\partial x_2 \partial x_n} \\ \vdots & \vdots & & \vdots \\ \dfrac{\partial^2 f}{\partial x_n \partial x_1} & \dfrac{\partial^2 f}{\partial x_n \partial x_2} & \cdots & \dfrac{\partial^2 f}{\partial x_m^2} \end{bmatrix} \tag{2-26}$$

或使用下标记号表示为：

$$H_{ij} = \frac{\partial^2 f}{\partial x_i \partial x_j} \tag{2-27}$$

式中，Hesse 矩阵对角线上的元素表示函数在该方向上的曲率，非对角线上的元素表示函数在不同方向上的相关性。

Hesse 矩阵主要用于优化算法和最优化问题中的梯度下降法、牛顿法、拟牛顿法等算法中，用于判断一个点的优化方向和步长。

基于 Hesse 矩阵，可以判断多元函数的极值情况：如果是正定矩阵，则临界点处是一个局部极小值；如果是负定矩阵，则临界点处是一个局部极大值；如果是不定矩阵，则临界点处不是极值。

2.1.4 无约束优化方法

无约束最优化问题可以描述为在不受任何约束条件限制的情况下寻找目标函数的最优解。换句话说，就是要找到一个使得目标函数值最小或最大的自变量取值。这个自变量取值可以是一个向量、矩阵、函数或者更复杂的数据结构。常用的解决方法包括梯度下降法、牛顿法、阻尼牛顿法等。无约束最优化问题在机器学习、统计分析、工程优化等领域都有广泛的应用。

虽然实际优化问题一般都有约束，但为什么还要研究无约束的最优化方法呢？一方面，对于目标函数的某些先验条件或限制不容易被发现时，通常按照无约束的优化问题进行求解；另一方面，对于很多约束优化问题，可以通过拉格朗日乘子法将有约束的问题转换成无约束的问题进行求解。

无约束最优化问题可以表示为：

$$\min f(\boldsymbol{x}) \tag{2-28}$$

$$\text{s.t.} \ \boldsymbol{x} \in \mathbf{R}^n \tag{2-29}$$

其中，$\boldsymbol{x} \in \mathbf{R}^n$ 是具有 $n \geqslant 1$ 个分量的向量，并且 $f: \mathbf{R}^n \to \mathbf{R}$ 是光滑函数。求解此问题的方法通常可以分为两大类：直接搜索法和间接搜索法。

所谓直接搜索法，是指当函数存在解析形式，能够通过最优性条件求解出显式最优解。对于无约束最优化问题，如果 $f(\boldsymbol{x})$ 在最优点 $\bar{\boldsymbol{x}}$ 附近可微，那么 $\bar{\boldsymbol{x}}$ 是局部极小点的必要条件为：

$$\nabla f(\bar{\boldsymbol{x}}) = 0 \tag{2-30}$$

可以通过这个必要条件去求取可能的极小值点，再验证这些极小值点是否真的是极小值点。这类仅用计算函数值所得到的信息来确定搜索方向的优化问题求解方法称为直接搜索法，简称直接法。直接法不涉及计算目标函数的梯度和 Hesse 矩阵，适应性强，但收敛速度较慢。在不可能求得目标函数的导数或导数不存在的情况下，只能使用直接法。

在实际问题中，直接法往往难以获得可接受的效果。因此又发展了第二类方法——间接搜索法（简称间接法）。间接法需要利用目标函数的一阶或二阶导数值来确定搜索方向。间接法收敛速度较快，但需计算梯度，甚至需要计算 Hesse 矩阵。

多维无约束最优化方法用于寻找多维空间中目标函数的全局最小值或局部最小值，且不受任何限制。这意味着该函数可以在整个多维空间中取任何值，而不必遵守任何限制条件。这类方法构造迭代格式不断地更新设计变量值,以使目标函数值逐步趋近最优解。迭代过程通常基于梯度信息(即函数的导数),因为梯度可以提供有关函数在特定点附近的局部信息。

在求解最优化问题的策略中已经说明搜索方法的重要性,通过构造不同的搜索方向即形成不同的最优化求解方法。常见的多维无约束最优化方法包括最速下降法、牛顿法、阻尼牛顿法、共轭方向法、共轭梯度法、变尺度法等。这些方法之间既存在联系,也存在区别,如收敛速度、计算复杂度等。

1. 最速下降法

最速下降法是一种常用的优化方法。如前所述,优化问题求解过程中需要构造合适的迭代格式,即当前迭代步下降方向 p 和步长 α。已知梯度方向是该点函数值增长最快的方向,自然可以选取梯度的负方向作为搜索方向,以期最快地获得目标函数的最小值,此即为最速下降法。值得指出的是,梯度负方向是局部最速方向,但不一定是全局最速方向。

设搜索方向为 p,从当前步 x_k 出发沿着方向 p 以步长 α 进行搜索,得到下一点,当搜索方向 p 取为负梯度方向,则有最速下降法的迭代格式:

$$x_{k+1} = x_k - \alpha_k \nabla f_k \tag{2-31}$$

最速下降方向如图 2-9 所示。

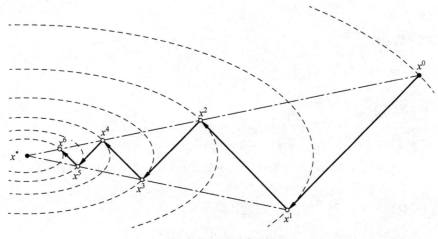

图 2-9 最速下降方向

最速下降法步长因子 α_k 可以通过目标函数取极值的条件求得,即目标函数对步长的一阶导数为零。当目标函数是正定二次函数:

$$f(x) = \frac{1}{2} x^T Q x + b^T x + c \tag{2-32}$$

目标函数对 x 的一阶梯度:

$$g(x) = Qx + b \tag{2-33}$$

可以证明,最速下降法的步长为:

$$\alpha_k = \frac{g_k^T g_k}{g_k^T Q g_k} \tag{2-34}$$

例 2.5 利用最速下降法求解 $\min f(x) = x_1^2 + 2x_2^2 - 2x_1 x_2 - 4x_1$,取 $x^0 = (1,1)^T$。

解 函数的梯度为 $\nabla f(\boldsymbol{x}) = \begin{pmatrix} 2x_1 - 2x_2 - 4 \\ -2x_1 + 4x_2 \end{pmatrix}$

第一次迭代：

$$\nabla f(\boldsymbol{x}^0) = \begin{pmatrix} -4 \\ 2 \end{pmatrix}$$

$$\boldsymbol{d}^0 = -\nabla f(\boldsymbol{x}^0) = \begin{pmatrix} 4 \\ -2 \end{pmatrix}$$

$$\boldsymbol{x}^0 + \lambda \boldsymbol{d}^0 = \begin{pmatrix} 1 + 4\lambda \\ 1 - 2\lambda \end{pmatrix}$$

$$\begin{aligned}\phi(\lambda) &= f(\boldsymbol{x}^0 + \lambda \boldsymbol{d}^0) = f(1+4\lambda, 1-2\lambda) \\ &= (1+4\lambda)^2 + 2(1-2\lambda)^2 - 2(1+4\lambda)(1-2\lambda) - 4(1+4\lambda) \\ &= 40\lambda^2 - 20\lambda - 3\end{aligned}$$

令：$0 = \varphi'(\lambda) = 80\lambda - 20$，得：$\lambda_0 = 1/4$

$$\boldsymbol{x}^1 = \boldsymbol{x}^0 + \lambda_0 \boldsymbol{d}^0 = \begin{pmatrix} 1 \\ 1 \end{pmatrix} + \frac{1}{4}\begin{pmatrix} 4 \\ -2 \end{pmatrix} = \begin{pmatrix} 2 \\ \frac{1}{2} \end{pmatrix}$$

$$\nabla f(\boldsymbol{x}^1) = \begin{pmatrix} -1 \\ -2 \end{pmatrix}$$

第二次迭代：

$$\boldsymbol{d}^1 = -\nabla f(\boldsymbol{x}^1) = \begin{pmatrix} 1 \\ 2 \end{pmatrix}$$

$$\boldsymbol{x}^1 + \lambda \boldsymbol{d}^1 = \begin{pmatrix} 2 + \lambda \\ 1/2 + 2\lambda \end{pmatrix}$$

$$\begin{aligned}\phi(\lambda) &= f(\boldsymbol{x}^1 + \lambda \boldsymbol{d}^1) = f(2+\lambda, 1/2+2\lambda) \\ &= (2+\lambda)^2 + 2(1/2+2\lambda)^2 - 2(2+\lambda)(1/2+2\lambda) - 4(2+\lambda) \\ &= 5\lambda^2 - 5\lambda - 11/2\end{aligned}$$

令：$0 = \varphi'(\lambda) = 10\lambda - 5$，得：$\lambda_1 = 1/2$

$$\boldsymbol{x}^2 = \boldsymbol{x}^1 + \lambda_1 \boldsymbol{d}^1 = \begin{pmatrix} 2 \\ 1/2 \end{pmatrix} + 1/2\begin{pmatrix} 1 \\ 2 \end{pmatrix} = \begin{pmatrix} 5/2 \\ 3/2 \end{pmatrix}$$

$$\nabla f(\boldsymbol{x}^2) = \begin{pmatrix} -2 \\ 1 \end{pmatrix}$$

第三次迭代：

$$\boldsymbol{d}^2 = -\nabla f(\boldsymbol{x}^2) = \begin{pmatrix} 2 \\ -1 \end{pmatrix}$$

$$\boldsymbol{x}^2 + \lambda \boldsymbol{d}^2 = \begin{pmatrix} 5/2 + 2\lambda \\ 3/2 - \lambda \end{pmatrix}$$

$$\begin{aligned}\phi(\lambda) &= f(\boldsymbol{x}^2 + \lambda \boldsymbol{d}^2) = f(5/2+2\lambda, 3/2-\lambda) \\ &= (5/2+2\lambda)^2 + 2(3/2-\lambda)^2 - 2(5/2+2\lambda)(3/2-\lambda) - 4(5/2+2\lambda) \\ &= 10\lambda^2 - 5\lambda - 27/4\end{aligned}$$

令：$0 = \varphi'(\lambda) = 20\lambda - 5$，得：$\lambda_2 = 1/4$

$$x^3 = x^2 + \lambda_2 d^2 = \binom{5/2}{3/2} + 1/4 \binom{2}{-1} = \binom{3}{5/4}$$

$$\nabla f(x^3) = \binom{-1/2}{-1}$$

继续迭代，可得到函数的近似最优解。

最速下降法是一种线搜索法，需要计算梯度 ∇f，但不需要计算二阶导数。每一步都沿着 $p_k = -\nabla f$ 移动。最速下降方向的一个优点是：对初始点要求不严格，只要步长足够小，任何下降方向（与 $-\nabla f$ 的夹角严格小于 $\pi/2$ 弧度的下降方向）都能保证使 f 减小。最速下降法相邻两个迭代步之间是正交的，其收敛速度较慢，越是靠近极小点步长越小。除极特殊的目标函数（如等值面为球面的函数）和极特殊的初始点外，其逼近过程是锯齿"之"形。当目标函数是正定二次型函数时，最速下降法产生的奇数点列在一条线上，偶数点也列在一条线上，且均过最优点。

2. 牛顿法

最速下降法在构造搜索方向时只考虑了目标函数的梯度信息，牛顿法则利用二阶导数信息来逼近目标函数的局部二次性质，从而加快收敛速度。其基本思想是在当前位置处通过二阶泰勒展开式近似目标函数，在近似函数的极小点处求解，得到下一个迭代点。

设目标函数 $f(x)$ 二次连续可微，将 $f(x)$ 在当前迭代点 x_k 处作泰勒展开，并取二阶近似得：

$$f(x) \approx f(x_k) + \nabla f(x_k)^T (x - x_k) + \frac{1}{2}(x - x_k)^T \nabla^2 f(x_k)(x - x_k) \tag{2-35}$$

极小化式（2-35）右端有（就是对式（2-35）求导后等于零）：

$$\nabla f(x_k) + \nabla^2 f(x_k)(x - x_k) = 0 \tag{2-36}$$

若 Hesse 矩阵 $\nabla^2 f(x_k)$ 正定，则得到右端二次函数的极小点，并以它作为最优值点的第 $k+1$ 次近似，即可得牛顿法的迭代格式：

$$x_{k+1} = x_k - (\nabla^2 f(x_k))^{-1} \nabla f(x_k) \tag{2-37}$$

牛顿法迭代计算流程如图 2-10 所示。

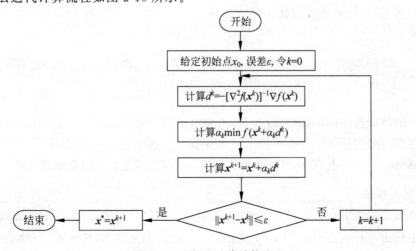

图 2-10 牛顿法迭代计算流程

例 2.6 目标函数为 $f(x) = x_1^2 + x_2^2$，求解该函数的最小值。

求解代码（Python 语言）如下：

```python
import numpy as np
# 定义目标函数和其一阶、二阶导数
def objective_function(x):
    return x[0]**2 + x[1]**2
def gradient(x):
    return np.array([2*x[0], 2*x[1]])
def hessian(x):
    return np.array([[2, 0], [0, 2]])
# 初始猜测点
initial_guess = np.array([1.0, 1.0])
# 牛顿迭代法求解最优点
def newton_method(f, g, H, x0, epsilon=1e-6, max_iterations=100):
    x = x0
    for i in range(max_iterations):
        grad = g(x)
        hess_inv = np.linalg.inv(H(x))
        delta_x = -np.dot(hess_inv, grad)
        x += delta_x
        if np.linalg.norm(delta_x) < epsilon:
            break
    return x
# 求解最优点
optimal_point = newton_method(objective_function, gradient, hessian, initial_guess)
# 计算最小值
minimum_value = objective_function(optimal_point)
print("最小值:", minimum_value)
print("最优点:", optimal_point)
```

这段代码首先定义了目标函数"objective_function"，以及它的一阶导数"gradient"和二阶导数"hessian"。然后，使用牛顿法"newton_method"的实现来迭代更新猜测点，直到满足收敛条件。最后，计算最小值和最优点的数值。

代码求解结果为：

```
最小值：0.0
最优点：[0. 0.]
```

牛顿法的收敛速度快，局部二阶收敛，不需要进行一维搜索，对于二次正定型问题仅需要一次迭代即可得到最优。但是牛顿法需要计算目标函数的二阶导数，计算量较大。初始点需要足够"靠近"极小点，否则可能会陷入局部极小值，而无法找到全局最优解。

3. 阻尼牛顿法

为了克服牛顿法中步长不变为 1 的不足，发展了阻尼牛顿法，也称拟牛顿法或修正牛顿法。阻尼牛顿法在每次迭代时可以改变步长 α_k，通过沿着牛顿方向 d_k 一维搜索最优的步长。

阻尼牛顿法的迭代格式为：

$$x_{k+1} = x_k + \alpha_k d_k \tag{2-38}$$

$$d_k = -(\nabla^2 f(x_k))^{-1} \nabla f(x_k) \tag{2-39}$$

步长 α_k 由如下目标函数取极值条件确定：

$$\min f(x_{k+1}) = \min f(x_k + \alpha_k d_k) \tag{2-40}$$

基于 Armijo 搜索的阻尼牛顿法的计算步骤为：

① 给定终止误差值 $0 \leqslant \varepsilon \ll 1, \delta \in (0,1), \sigma \in (0,0.5)$，初始化 $x_0 \in R^n$，设 $k=0$；

② 计算 $g_k = \nabla f(x_k)$，若 $\|g_k\| \leqslant \varepsilon$，则停止，输出 $x^* \approx x_k$；

③ 计算 $G_k = \nabla^2 f(x_k)$，求 $G_k r_k = -g_k$；

④ 设 m_k 是不满足下列不等式的最小非负整数 m：

$$f(x_k + \delta^m r_k) \leqslant f(x_k) + \sigma \delta^m g_k^T r_k \tag{2-41}$$

⑤ 令 $\alpha_k = \delta^{m_k}, x_{k+1} = x_k + \alpha_k r_k, k = k+1$ 并转向步骤②。

例 2.7 求解 $f(x) = x_0^2 + x_1^2 + 2\sin(x_0)\sin(x_1)$ 的最优解。

```python
import numpy as np
# 定义目标函数和其一阶、二阶导数
def objective_function(x):
    return x[0] ** 2 + x[1] ** 2 + 2 * np.sin(x[0]) * np.sin(x[1])
def gradient(x):
    return np.array([2 * x[0] + 2 * np.cos(x[0]) * np.sin(x[1]), 2 * x[1] + 2 * np.sin(x[0]) * np.cos(x[1])])
def hessian(x):
    return np.array([[2 - 2 * np.sin(x[0]) * np.sin(x[1]), 2 * np.cos(x[0]) * np.cos(x[1])],[2 * np.cos(x[0]) * np.cos(x[1]), 2 - 2 * np.sin(x[0]) * np.sin(x[1])]])
# 初始猜测点
initial_guess = np.array([1.0, 1.0])
# 阻尼牛顿法求解最优点
def damped_newton_method(f, g, H, x0, epsilon = 1e-6, max_iterations = 100):
    x = x0
    for i in range(max_iterations):
        grad = g(x)
        hess_inv = np.linalg.inv(H(x))
        delta_x = - np.dot(hess_inv, grad)
# 添加阻尼项
        t = 1
        while f(x + t * delta_x) > f(x) + 0.5 * t * np.dot(grad, delta_x):
            t /= 2
        x += t * delta_x
        if np.linalg.norm(delta_x) < epsilon:
            break
    return x
# 求解最优点
optimal_point = damped_newton_method(objective_function, gradient, hessian, initial_guess)
# 计算最小值
minimum_value = objective_function(optimal_point)
print("最小值:",minimum_value)
print("最优点:",optimal_point)
```

这段代码首先定义了目标函数"objective_function",以及它的一阶导数"gradient"和二阶导数"hessian"。然后,使用阻尼牛顿法"damped_newton_method"的实现来迭代更新猜测点,并添加阻尼项以确保收敛性。最后,计算最小值和最优点的数值。

4. 共轭方向法

共轭方向法是修正最速下降法和牛顿法的一种方法。克服了最速下降法的锯齿现象,从而提高了收敛速度;同时,共轭方向法不必计算目标函数的二阶导数 Hesse 矩阵,比牛顿法减少了计算量和存储量。为了说明共轭方向法,首先介绍共轭向量。

定义 2.1 (共轭方向)设 Q 是 $n \times n$ 对称正定矩阵,若 n 维向量空间中的有限个非零向量 $p_0, p_1, \cdots, p_{m-1}$ 满足

$$p_i^T Q p_j = 0, \quad i,j = 0, 1, \cdots, m-1 (i \neq j) \tag{2-42}$$

则称 $p_0, p_1, \cdots, p_{m-1}$ 是 Q 的共轭向量组,也称 Q 的共轭方向。

当 $Q = I$(单位矩阵)时,式(2-42)变为

$$p_i^T p_j = 0, \quad i,j = 0, 1, \cdots, m-1 (i \neq j) \tag{2-43}$$

即向量 $p_0, p_1, \cdots, p_{m-1}$ 互相正交。可见,正交是共轭的一种特殊情况,共轭是正交的推广。

如前所述的迭代格式构造时,若取下降方向是共轭方向,所得到优化方法称为共轭方向法。其中最基本、最常用的是共轭梯度法。

5. 共轭梯度法

共轭梯度法是共轭方向法的一种。具体而言,取初始点 x_0 的搜索方向 p_0 为该点 x_0 的负梯度方向 $-\nabla f(x_0)$,后续每个迭代点 x_k 的搜索方向 p_{k+1} 为该点负梯度方向 $-\nabla f(x_{k+1})$ 与前一步搜索方向 p_k 的线性组合,即 $p_{k+1} = -g_{k+1} + \alpha_k p_k$。

第一次迭代时,记目标函数的梯度为 $g_0 = \nabla f(x_0)$,共轭梯度法取初始搜索方向为负梯度方向,则有

$$p_0 = -g_0 \tag{2-44}$$

从 x_0 出发沿着 p_0 方向做直线搜索,可得

$$x_1 = x_0 + \alpha_0 p_0 \tag{2-45}$$

考虑二次正定型目标函数 $f(x) = \frac{1}{2} x^T Q x + b^T x + c$,由最速下降法可知

$$\alpha_0 = -\frac{p_0^T g_0}{p_0^T Q p_0} = \frac{g_0^T g_0}{g_0^T Q g_0} \tag{2-46}$$

因此,第一次迭代解为

$$x_1 = x_0 + \frac{g_0^T g_0}{g_0^T Q g_0} p_0 \tag{2-47}$$

第 k 次迭代($k > 1$)时,根据共轭梯度法的思路,第 k 步搜索方向为第 k 步负梯度方向与第 $k-1$ 步搜索方向的组合,则有

$$p_k = -g_k + \alpha_{k-1} p_{k-1} \tag{2-48}$$

其中

$$\alpha_{k-1} = \frac{g_k Q p_{k-1}}{p_{k-1}^T Q p_{k-1}} \tag{2-49}$$

可以证明 $p_0, p_1, \cdots, p_k$ 是关于 Q 的共轭向量。可以按照上述方法,依次构造出共轭向量,最多经过 n 次迭代就能找到最优点 x^*。共轭梯度法的算法可描述如下:

① 选定初始点 x_0,计算 $p_0 = -\nabla f(x_0)$;

② 直线搜索 $x_{k+1} = \mathrm{ls}(x_k, p_k)$,使得 α_k 满足

$$\min f(x_{k+1}) = \min f(x_k + \alpha_k p_k) \tag{2-50}$$

$$x_{k+1} = x_k + \alpha_k p_k \tag{2-51}$$

ls 为 Linear Search,即 2.1.2 节中介绍的各种一维搜索方法。

③ 判断 $(\|\nabla f(x_{k+1})\| < \varepsilon)$ 是否满足要求。满足则输出 x_{k+1} 停止;否则转步骤④;

④ 构造共轭方向

$$p_{k+1} = -g_{k+1} + \alpha_k p_k \tag{2-52}$$

⑤ 令 $k = k+1$,转至步骤②继续迭代。

上述共轭梯度每次都要计算 Hesse 矩阵,计算量较大,对于非二次正定型目标函数很不方便。可以通过修正求解 α_k 的办法克服上述困难,下面给出常用的 3 种修正格式。对于二次正定型目标函数它们是等价的,对于非二次正定型目标函数则产生的搜索方向是不一样的。

(1) Hestenes-Stiefel 修正

$$\alpha_k = \frac{g_{k+1}^{\mathrm{T}}[g_{k+1} - g_k]}{p_k^{\mathrm{T}}[g_{k+1} - g_k]} \tag{2-53}$$

(2) Polak-Ribiere 修正

$$\alpha_k = \frac{g_{k+1}^{\mathrm{T}}[g_{k+1} - g_k]}{g_k^{\mathrm{T}} g_k} \tag{2-54}$$

(3) Fletcher-Reeves 修正

$$\alpha_k = \frac{g_{k+1}^{\mathrm{T}} g_{k+1}}{g_k^{\mathrm{T}} g_k} \tag{2-55}$$

共轭梯度法对凸函数全局收敛,计算公式简单,不用求 Hesse 矩阵或者逆矩阵,计算量小,存储量小,每步迭代只需存储若干向量,适用于大规模问题,具有二次收敛性(对于正定二次函数,至多 n 次迭代可达最优解)。可以证明,共轭梯度法的收敛速率不差于最速下降法。如果初始方向不用负梯度方向,则其收敛速率是线性收敛的,共轭梯度法是目前求解无约束优化问题最常用的方法之一。

例 2.8 用 Fletcher-Reeves 共轭梯度法求解无约束最优化问题:

$$f(x) = x_1^2 + 2x_2^2 - 4x_1 - 2x_1 x_2$$

已知 $x^0 = (1,1)^{\mathrm{T}}, \varepsilon = 0.001$。

解 (1) 第一次迭代

沿负梯度方向搜寻,计算初始点处的梯度

$$g_0 = \nabla f(x^0) = \begin{pmatrix} 2x_1 - 2x_2 - 4 \\ 4x_2 - 2x_1 \end{pmatrix} \Big|_{x=x^0} = \begin{pmatrix} -4 \\ 2 \end{pmatrix}$$

$$p^0 = -g_0 = \begin{pmatrix} 4 \\ -2 \end{pmatrix}$$

$$\boldsymbol{x}^0 + \lambda \boldsymbol{p}^0 = \begin{pmatrix} 1 \\ 1 \end{pmatrix} + \lambda \begin{pmatrix} 4 \\ -2 \end{pmatrix} = \begin{pmatrix} 1+4\lambda \\ 1-2\lambda \end{pmatrix}$$

精确一维搜索求最佳步长
$$\phi(\lambda) = f(\boldsymbol{x}^0 + \lambda \boldsymbol{p}^0) = f(1+4\lambda, 1-2\lambda) = 40\lambda^2 - 20\lambda - 3$$

令
$$\phi'(\lambda) = 80\lambda - 20 = 0$$

可得
$$\lambda_0 = 0.25$$

$$\boldsymbol{x}^1 = \boldsymbol{x}^0 + \lambda \boldsymbol{p}^0 = \begin{pmatrix} 2 \\ 0.5 \end{pmatrix}$$

$$\boldsymbol{g}_1 = \nabla f(\boldsymbol{x}^1) = \begin{pmatrix} -1 \\ -2 \end{pmatrix}$$

不满足精度要求,继续迭代。

(2) 第二次迭代

采用 Fletcher-Reeves 格式可得共轭方向
$$\alpha_0 = \frac{\|\boldsymbol{g}_1\|^2}{\|\boldsymbol{g}_0\|^2} = \frac{5}{20} = 0.25$$

$$\boldsymbol{p}^1 = -\boldsymbol{g}_1 + \alpha_0 \boldsymbol{p}^0 = -\begin{pmatrix} -1 \\ -2 \end{pmatrix} + \frac{1}{4}\begin{pmatrix} 4 \\ -2 \end{pmatrix} = \begin{pmatrix} 2 \\ 1.5 \end{pmatrix}$$

$$\boldsymbol{x}^2 = \boldsymbol{x}^1 + \lambda \boldsymbol{p}^1 = \begin{pmatrix} 2 \\ 0.5 \end{pmatrix} + \lambda \begin{pmatrix} 2 \\ 1.5 \end{pmatrix} = \begin{pmatrix} 2+2\lambda \\ 0.5+1.5\lambda \end{pmatrix}$$

精确一维搜索求最佳步长
$$\phi(\lambda) = f(\boldsymbol{x}^1 + \lambda \boldsymbol{p}^1) = f(2+2\lambda, 0.5+1.5\lambda)$$
$$= (2+2\lambda)^2 + 2(0.5+1.5\lambda)^2 - 2(2+2\lambda)(0.5+1.5\lambda) - 4(2+2\lambda)$$

令 $0 = \phi'(\lambda)$
$$\lambda_1 = 1$$

$$\boldsymbol{x}^2 = \boldsymbol{x}^1 + \lambda_1 \boldsymbol{p}^1 = \begin{pmatrix} 4 \\ 2 \end{pmatrix}$$

$$\boldsymbol{g}_2 = \nabla f(\boldsymbol{x}^2) = \begin{pmatrix} 0 \\ 0 \end{pmatrix}$$

因为 $\|\boldsymbol{g}_2\| = 0 < \varepsilon$,最优解即为 $\boldsymbol{x}^* = \begin{pmatrix} 4 \\ 2 \end{pmatrix}$。

6. 变尺度法

牛顿法和阻尼牛顿法收敛速度快,但需要计算 Hesse 矩阵的逆,计算量和存储量均比较大。考虑采用一个近似矩阵替代 Hesse 矩阵的逆,由此搜索方向产生的方法称为变尺度法。优化算法求解的基本迭代公式为:

$$\boldsymbol{x}_{k+1} = \boldsymbol{x}_k + \alpha_k \boldsymbol{p}_k \tag{2-56}$$

式中,$\boldsymbol{p}_k$ 为搜索方向;α_k 为搜索步长。

当 $\alpha_k=1$,$p_k=-(\nabla^2 f(x_k))^{-1}\nabla f(x_k)$ 时,即为牛顿法。为了避免多次求解 Hesse 矩阵带来的不便,现在考虑用近似矩阵 H_k 替换牛顿迭代格式中的 Hesse 矩阵。如此可得替换后的迭代格式

$$x_{k+1}=x_k+\alpha_k H_k g_k \tag{2-57}$$

上述迭代格式应该具备下降性、简便性和牛顿性(高效收敛性)。此处不加证明地给出牛顿性条件为

$$H_{k+1}(g_{k+1}-g_k)=x_{k+1}-x_k \tag{2-58}$$

为了实现简便性的要求,近似矩阵 H_k 可取以下迭代形式

$$H_{k+1}=H_k+C_k \tag{2-59}$$

式中,C_k 为矫正矩阵。

变尺度算法的主要计算步骤如下:
① 选定初始点 x_0,计算 $f(x_0)$、$g(x_0)$,给定初始矩阵 $H_0=I_n$ 和误差限值 $\varepsilon>0$;
② 计算搜索方向 $p_{k+1}=-H_k g_k$;
③ 搜索 $x_{k+1}=\mathrm{ls}(x_k,p_k)$,计算 $f(x_{k+1})$、$g(x_{k+1})$;
④ 如果 $\|g_{k+1}\|\leqslant\varepsilon$,算法停止,$x^*=x_{k+1}$,否则转步骤⑤;
⑤ 计算 $H_{k+1}=H_k+C_k$;
⑥ $k=k+1$,转到步骤②。

给定不同的矫正矩阵就形成不同的变尺度方法。以下给出常用的两种变尺度法:DFP 变尺度算法和 BFGS 变尺度算法。

(1) DFP 变尺度算法

DFP 变尺度算法是无约束优化方法中最有效的算法之一。其近似矩阵取为:

$$H_{k+1}=H_k+\frac{(x_{k+1}-x_k)(x_{k+1}-x_k)^\mathrm{T}}{(x_{k+1}-x_k)^\mathrm{T}(g_{k+1}-g_k)}-\frac{H_k(g_{k+1}-g_k)(g_{k+1}-g_k)^\mathrm{T}H_k}{(g_{k+1}-g_k)^\mathrm{T}H_k(g_{k+1}-g_k)} \tag{2-60}$$

其中,也可记

$$\Delta x^k=x_{k+1}-x_k \tag{2-61}$$

$$\Delta g^k=g_{k+1}-g_k \tag{2-62}$$

为了防止迭代过程中数值误差及直线搜索不精确破坏近似矩阵的正定性,可以采取迭代 $n+1$ 次后重置初始点和迭代矩阵的方法。DFP 变尺度算法的主要计算步骤如下:
① 选定初始点 x_0 和误差限值 $\varepsilon>0$,计算 $f(x_0)$、$g(x_0)$;
② 给定初始矩阵 $H_0=I_n$,$p_0=-g_0$,$k=0$;
③ 搜索 $x_{k+1}=\mathrm{ls}(x_k,p_k)$,计算 $f(x_{k+1})$、$g(x_{k+1})$;
④ 如果 $\|g_{k+1}\|\leqslant\varepsilon$,算法停止,$x^*=x_{k+1}$,否则转步骤⑤;
⑤ 如 $k=0$,重置 $x_0=x_{k+1}$,$f(x_0)=f(x_{k+1})$,$g(x_0)=g(x_{k+1})$,转向步骤②,否则转向步骤③;
⑥ 迭代计算近似矩阵和搜索方向:

$$H_{k+1}=H_k+\frac{(x_{k+1}-x_k)(x_{k+1}-x_k)^\mathrm{T}}{(x_{k+1}-x_k)^\mathrm{T}(g_{k+1}-g_k)}-\frac{H_k(g_{k+1}-g_k)(g_{k+1}-g_k)^\mathrm{T}H_k}{(g_{k+1}-g_k)^\mathrm{T}H_k(g_{k+1}-g_k)}$$

$$p_{k+1}=-H_{k+1}g_{k+1}$$

$k=k+1$,转到步骤③。

DFP 变尺度算法实质上也是一种共轭方向法。若 $f(\bm{x})$ 是可微的严格凸函数,则 DFP 算法全局收敛。对非二次函数,DFP 算法的效果也很好,比最速下降法和共轭梯度法要有效,收敛速度是超线性的。DFP 算法的计算量、存储量要比共轭梯度法大,由于舍入误差的存在以及一维搜索的不精确,算法的稳定性会受到影响。

例 2.9 用 DFP 变尺度算法求解无约束最优化问题:
$$f(\bm{x}) = x_1^2 + 2x_2^2 - 2x_1 x_2 - 4x_1$$

已知 $\bm{x}^0 = (1,1)^\mathrm{T}, \varepsilon = 0.1$。

解 (1) 第一次迭代实际上是沿负梯度方向进行一维搜索。

$$\bm{x}^0 = \begin{pmatrix} 1 \\ 1 \end{pmatrix}, \qquad \nabla f(\bm{x}^0) = \begin{pmatrix} -4 \\ 2 \end{pmatrix}$$

$$\bm{x}^1 = \begin{pmatrix} 2 \\ 0.5 \end{pmatrix}, \qquad \nabla f(\bm{x}^1) = \begin{pmatrix} -1 \\ -2 \end{pmatrix}$$

(2) 第二次迭代采用 DFP 变尺度算法,令

$$\bm{H}^0 = \begin{bmatrix} 1 & 0 \\ 0 & 1 \end{bmatrix}$$

$$\Delta \bm{x}^0 = \bm{x}^1 - \bm{x}^0 = \begin{pmatrix} 1 \\ -0.5 \end{pmatrix}$$

$$\Delta \bm{g}^0 = \nabla f(\bm{x}^1) - \nabla f(\bm{x}^0) = \begin{pmatrix} 3 \\ -4 \end{pmatrix}$$

$$\bm{C}^0 = \frac{\Delta \bm{x}^0 [\Delta \bm{x}^0]^\mathrm{T}}{[\Delta \bm{g}^0]^\mathrm{T} \Delta \bm{x}^0} - \frac{\bm{H}^0 \Delta \bm{g}^0 [\Delta \bm{g}^0]^\mathrm{T} \bm{H}^0}{[\Delta \bm{g}^0]^\mathrm{T} \bm{H}^0 \Delta \bm{g}^0}$$

$$= \frac{\begin{pmatrix} 1 \\ -0.5 \end{pmatrix}(1 \quad -0.5)}{(3 \quad -4)\begin{pmatrix} 1 \\ -0.5 \end{pmatrix}} - \frac{\begin{bmatrix} 1 & 0 \\ 0 & 1 \end{bmatrix}\begin{pmatrix} 3 \\ -4 \end{pmatrix}(3 \quad -4)\begin{bmatrix} 1 & 0 \\ 0 & 1 \end{bmatrix}}{(3 \quad -4)\begin{bmatrix} 1 & 0 \\ 0 & 1 \end{bmatrix}\begin{pmatrix} 3 \\ -4 \end{pmatrix}}$$

$$= \frac{\begin{bmatrix} 1 & -0.5 \\ -0.5 & 0.25 \end{bmatrix}}{5} - \frac{\begin{bmatrix} 9 & -12 \\ -12 & 16 \end{bmatrix}}{25}$$

$$= \begin{bmatrix} -0.16 & 0.38 \\ 0.38 & -0.59 \end{bmatrix}$$

于是有

$$\bm{H}^1 = \bm{H}^0 + \bm{C}^0 = \begin{bmatrix} 0.84 & 0.38 \\ 0.38 & 0.41 \end{bmatrix}$$

$$\bm{p}^1 = -\bm{H}^1 \nabla f(\bm{x}^1)$$

$$= -\begin{bmatrix} 0.84 & 0.38 \\ 0.38 & 0.41 \end{bmatrix}\begin{pmatrix} -1 \\ -2 \end{pmatrix} = \begin{bmatrix} 1.6 \\ 1.2 \end{bmatrix}$$

$$\bm{x}^2 = \bm{x}^1 + \alpha_1 \bm{p}^1$$

$$= \begin{pmatrix} 2 \\ 0.5 \end{pmatrix} + \alpha_1 \begin{pmatrix} 1.6 \\ 1.2 \end{pmatrix} = \begin{bmatrix} 2 + 1.6\alpha_1 \\ 0.5 + 1.2\alpha_1 \end{bmatrix}$$

代入原函数并对 α_1 求极小,解得

$$\alpha_1 = 1.25$$

$$x^2 = \begin{pmatrix} 4 \\ 2 \end{pmatrix}, \quad \nabla f(x^2) = \begin{pmatrix} 0 \\ 0 \end{pmatrix}$$

因 $\|\nabla f(x^2)\| \leqslant \varepsilon$，故最优解为

$$x^* = x^2 = \begin{pmatrix} 4 \\ 2 \end{pmatrix}, \quad f^* = -8$$

由此可见，DFP 变尺度算法的迭代次数稍多于牛顿法，但结果却与牛顿法完全相同，且不需要计算函数的二阶导数矩阵及其逆矩阵。因此，变尺度算法是一种收敛速度较快的无约束最优化算法。

以下为使用 Python 实现的 DFP 变尺度算法求解上述问题的示例代码：

```python
import numpy as np
# 定义目标函数和其梯度向量
def objective_function(x):
    return x[0] ** 2 + 2 * x[1] ** 2 - 2 * x[0] * x[1] - 4 * x[0]
def gradient(x):
    return np.array([2 * x[0] - 2 * x[1] - 4, 4 * x[1] - 2 * x[0]])
# 初始点
x0 = np.array([1, 1])
# DFP 变尺度算法求解最优点
def dfp_method(f, g, x0, epsilon = 0.1, max_iterations = 100):
    n = len(x0)
    Hk = np.eye(n)                      # 初始化近似矩阵为单位矩阵
    x = x0
    for k in range(max_iterations):
        grad = g(x)
        if np.linalg.norm(grad) < epsilon:
            break
        p = - np.dot(Hk, grad)
        alpha = line_search(f, g, x, p) # 使用线搜索确定步长
        s = alpha * p
        x_next = x + s
        y = g(x_next) - grad
        Hy = np.dot(Hk, y)
        yHy = np.dot(y, Hy)
        if yHy > 0:
            Hk += np.outer(s, s) / np.dot(s, y) - np.outer(Hy, Hy) / yHy
        x = x_next
    return x
# 线搜索算法(使用 Armijo 准则)
def line_search(f, g, x, p, alpha = 1, beta = 0.5, sigma = 0.1):
    while f(x + alpha * p) > f(x) + sigma * alpha * np.dot(g(x), p):
        alpha *= beta
    return alpha
# 求解最优点
optimal_point = dfp_method(objective_function, gradient, x0)
# 计算最小值
minimum_value = objective_function(optimal_point)
```

```
print("最小值:",minimum_value)
print("最优点:",optimal_point)
```

在上述代码中,首先初始化 Hesse 矩阵 H 为单位矩阵,并复制初始点 x0。然后,在迭代过程中,计算梯度 g,判断终止条件是否满足。如果终止条件不满足,则计算搜索方向 p,选择步长 alpha,更新迭代点 x_next,计算梯度的变化量 y,以及更新 Hesse 矩阵 H。最后,更新当前点 x。重复执行上述步骤直到满足终止条件为止。

需要注意的是,在以上代码中使用了一个名为 dfp_method 的函数来实现一维搜索。该函数需要在外部定义,它的输入参数包括目标函数、目标函数梯度、当前点、搜索方向,它的输出是合适的步长。在实现中,可以使用 Armijo 规则等一维搜索算法来实现 line_search 函数。

(2) BFGS 变尺度算法

BFGS 变尺度算法是含有一个参数的一族变尺度算法。当其参数取为零时,则退化为 DFP 算法,当其参数取 $1/[(\boldsymbol{x}_{k+1}-\boldsymbol{x}_k)^T(\boldsymbol{g}_{k+1}-\boldsymbol{g}_k)]$ 时即为 BFGS 变尺度算法,其近似矩阵为:

$$\boldsymbol{H}_{k+1}=\boldsymbol{H}_k+\frac{1}{(\boldsymbol{x}_{k+1}-\boldsymbol{x}_k)^T(\boldsymbol{g}_{k+1}-\boldsymbol{g}_k)}\left[\left(1+\frac{(\boldsymbol{g}_{k+1}-\boldsymbol{g}_k)^T\boldsymbol{H}_k(\boldsymbol{g}_{k+1}-\boldsymbol{g}_k)}{(\boldsymbol{x}_{k+1}-\boldsymbol{x}_k)^T(\boldsymbol{g}_{k+1}-\boldsymbol{g}_k)}\right)\times\right.$$
$$(\boldsymbol{x}_{k+1}-\boldsymbol{x}_k)(\boldsymbol{x}_{k+1}-\boldsymbol{x}_k)^T-\boldsymbol{H}_k(\boldsymbol{g}_{k+1}-\boldsymbol{g}_k)(\boldsymbol{x}_{k+1}-\boldsymbol{x}_k)^T-$$
$$\left.(\boldsymbol{x}_{k+1}-\boldsymbol{x}_k)(\boldsymbol{g}_{k+1}-\boldsymbol{g}_k)^T\boldsymbol{H}_k\right]$$

(2-63)

BFGS 变尺度算法的主要计算步骤如下:

① 选定初始点 $\boldsymbol{x}_0$、初始矩阵 $\boldsymbol{H}_0=\boldsymbol{I}_n$ 和误差限值 $\varepsilon>0$;
② 计算 $\boldsymbol{g}(\boldsymbol{x}_0)$,如 $\|\boldsymbol{g}_0\|\leqslant\varepsilon$,算法停止,$\boldsymbol{x}^*=\boldsymbol{x}_0$,否则转向步骤③;
③ 构造初始方向,$\boldsymbol{p}_0=-\boldsymbol{H}_0\boldsymbol{g}_0,k=0$;
④ 搜索求 α_k 使得 $\boldsymbol{x}_{k+1}=\mathrm{ls}(\boldsymbol{x}_k,\boldsymbol{p}_k),\boldsymbol{x}_{k+1}=\boldsymbol{x}_k+\alpha_k\boldsymbol{p}_k$;
⑤ 计算 $\boldsymbol{g}_{k+1}$,如果 $\|\boldsymbol{g}_{k+1}\|\leqslant\varepsilon$,算法停止,$\boldsymbol{x}^*=\boldsymbol{x}_{k+1}$,否则转步骤⑥;
⑥ 如 $k+1=n$,重置 $\boldsymbol{x}_0=\boldsymbol{x}_k$,转向步骤③,否则转向步骤⑦;
⑦ 迭代计算近似矩阵和搜索方向:

$$\boldsymbol{H}_{k+1}=\boldsymbol{H}_k+\frac{1}{(\boldsymbol{x}_{k+1}-\boldsymbol{x}_k)^T(\boldsymbol{g}_{k+1}-\boldsymbol{g}_k)}\left[\left(1+\frac{(\boldsymbol{g}_{k+1}-\boldsymbol{g}_k)^T\boldsymbol{H}_k(\boldsymbol{g}_{k+1}-\boldsymbol{g}_k)}{(\boldsymbol{x}_{k+1}-\boldsymbol{x}_k)^T(\boldsymbol{g}_{k+1}-\boldsymbol{g}_k)}\right)\times\right.$$
$$(\boldsymbol{x}_{k+1}-\boldsymbol{x}_k)(\boldsymbol{x}_{k+1}-\boldsymbol{x}_k)^T-\boldsymbol{H}_k(\boldsymbol{g}_{k+1}-\boldsymbol{g}_k)(\boldsymbol{x}_{k+1}-\boldsymbol{x}_k)^T-$$
$$\left.(\boldsymbol{x}_{k+1}-\boldsymbol{x}_k)(\boldsymbol{g}_{k+1}-\boldsymbol{g}_k)^T\boldsymbol{H}_k\right]$$

取 $\boldsymbol{p}_{k+1}=-\boldsymbol{H}_{k+1}\boldsymbol{g}_{k+1},k=k+1$,转到步骤④。

DFP 变尺度算法和 BFGS 变尺度算法的迭代过程相同,不同之处在于矫正矩阵的选择不一样。BFGS 变尺度算法较 DFP 变尺度算法具有更好的稳定性,不易受到数值误差的影响而导致迭代矩阵奇异。

2.1.5 约束优化方法

1. 约束优化方法的概念和意义

约束最优化问题是指在满足一定的限制条件下,求解一个目标函数最小值或最大值的问题。实际问题绝大多数都是约束优化问题。

约束优化问题的数学描述如下：

$$\min f(x)$$
$$\text{s.t.} \begin{cases} g_i(x) \geqslant 0, & i=1,2,\cdots,m \\ h_j(x) = 0, & j=1,2,\cdots,l \end{cases} \tag{2-64}$$

式中，$f(x)$和函数g_i、h_j都是光滑实值函数。如前所述，$f(x)$称为目标函数，$h_j(x)$是等式约束，$g_i(x)$是不等式约束。定义可行集为满足约束条件的点x的集合，即

$$\Omega = \{x \mid g_i(x) \geqslant 0, i=1,2,\cdots,m; h_j(x) = 0, j=1,2,\cdots,l\} \tag{2-65}$$

因此可以更简洁地将约束优化问题表示为

$$\min_{x \in \Omega} f(x) \tag{2-66}$$

2. 局部最优解和全局最优解

局部最优解是指在临近解的集合中的最大值或最小值。全局最优解则指所有可能解中最大值或最小值。一维情形下的示意如图2-11所示。其中，局部最优解可以定义如下。

定义2.2 x^*是式(2-66)的局部解，如果$x^* \in \Omega$，并且存在x^*的邻域N，使得$f(x) \geqslant f(x^*)$，其中$x \in N \cap \Omega$。

类似地，可以定义如下全局最优解。

定义2.3 x^*是一个严格的局部解（也称为强局部解），如果$x^* \in \Omega$，并且存在x^*的邻域N使得$f(x) \geqslant f(x^*)$，对于所有$x \in N \cap \Omega$，且$x \neq x^*$。

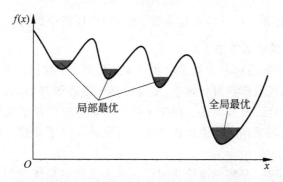

图2-11 局部最优解和全局最优解示意

3. 约束优化的最优性条件

如何判断一个约束优化问题的极小值或最小值是否存在？这是既具有理论意义，又具有实用价值的问题。约束优化的最优性条件指的是目标函数和约束条件在最优点处需要满足的充要条件。约束优化的最优性条件主要包括：一阶必要条件（KKT条件）、二阶充分条件。以下介绍实用优化计算中经常用到的一阶必要条件（KKT条件），常用于求解过程中判别某一迭代步的可行解是否可以作为最优解而结束迭代。

定理2.1 一阶必要条件（KKT条件）

KKT是判断某点是否为极值点的必要条件。对于凸规划问题，KKT条件就是充要条件。只要满足KKT条件就是极值点，且是全局最优解。

设多元目标函数$f(x)$，不等式约束为$g_i(x)$和等式约束为$h_j(x)$，约束优化问题可表

示为

$$\min f(\boldsymbol{x})$$
$$\text{s. t. } g_i(\boldsymbol{x}) \geqslant 0, \quad i=1,2,\cdots,m$$
$$h_j(\boldsymbol{x}) = 0, \quad j=1,2,\cdots,l \tag{2-67}$$

定义不等式约束下的拉格朗日函数 L 为

$$L(\boldsymbol{x},\boldsymbol{\mu}) = f(\boldsymbol{x}) - \sum_{i=1}^{l} \mu_i g_i(\boldsymbol{x}) \tag{2-68}$$

式中,$f(\boldsymbol{x})$ 是目标函数,μ_i 是不等式约束条件 $g_i(\boldsymbol{x})$ 对应的约束系数(松弛变量)。

KKT 条件是指:如果点 $\boldsymbol{x}^*$ 是满足所有约束的局部极小点,那么该点 $\boldsymbol{x}^*$ 满足以下条件(KKT 条件):

$$\nabla f(\boldsymbol{x}^*) - \sum_{i=1}^{l} \mu_i \nabla g_i(\boldsymbol{x}^*) = 0$$
$$\mu_i \geqslant 0$$
$$\mu_i \nabla g_i(\boldsymbol{x}^*) = 0 \tag{2-69}$$

例 2.10 设目标函数为: $f(\boldsymbol{x}) = x_1^2 - x_1 x_2 + x_2^2 - 3x_2$,试利用 KKT 条件确定其最优解。

解 一阶必要条件为:

$$2x_1 - x_2 = 0$$
$$-x_1 + 2x_2 = 3$$

存在一个唯一的解 $x = (1,2)$,它是函数 $f(x)$ 的全局最小点。

4. 约束最优化问题求解方法

约束优化问题的求解可以分为直接法和间接法两类。直接法的基本思路是构造适合的迭代格式,保证每次迭代点都在可行域中,使得目标函数逐渐减小,直至最优解。常用的直接法包括约束坐标轮换法、复合形法。间接法的思路是通过罚函数法将约束优化问题转化为无约束优化问题,进而采用无约束优化算法进行求解。以下介绍实际过程中常用的罚函数法。

罚函数法又称乘子法,是将约束优化问题转换为无约束最优化问题的方法之一。其基本思想就是通过在原目标函数中加入一个障碍函数(即罚函数)来代替约束条件中的不等式约束。对于最小化问题,如果当前解不满足约束条件,就在目标项上加上一个正向的惩罚,迫使当前解往可行域的方向行进。至于惩罚因子的大小,取决于所用的罚函数。

罚函数法可分为两类:内点法和外点法,其主要区别在于罚函数的定义。外点法可解决约束条件为等式和不等式混合的情形,外点法对初始点也没有要求,可以任意取定义域内任意一点。内点法初始点则必须为可行域内一点,在约束比较复杂时,选择内点法的初始点是有难度的,并且内点法只能解决约束为不等式情形。

1) 内点法

满足优化问题约束条件的解称为可行解,由所有可行解组成的集合称为可行域。内点法的迭代过程均在可行域内进行。引入罚函数相当于在可行域的边界筑起一道很高的"墙",当迭代点靠近边界时,目标函数忽然增大,以示惩罚,阻止迭代点穿越边界。

对于不等式约束问题

$$\min f(\boldsymbol{x}) \tag{2-70}$$

$$\text{s. t. } g_i(\boldsymbol{x}) \geqslant 0, \quad i=1,2,\cdots,m \tag{2-71}$$

引入增广目标函数

$$F(\boldsymbol{x},r_k) = f(\boldsymbol{x}) + r_k \sum_{i=1}^{m} \frac{1}{g_i(\boldsymbol{x})} \tag{2-72}$$

式中，r_k 为障碍因子；$\sum_{i=1}^{m}\frac{1}{g_i(\boldsymbol{x})}$ 为障碍函数，障碍函数还可以取为对数形式，即 $-\sum_{i=1}^{m}\ln g_i(\boldsymbol{x})$。

当迭代点远离边界时，$F(\boldsymbol{x},r_k) \approx f(X)$，此时 $F(\boldsymbol{x},r_k)$ 的最优解可作为原问题的近似最优解。但当迭代点靠近 D 的边界时，由 $F(\boldsymbol{x},r_k)$ 构造可知，$g_i(\boldsymbol{x}) \to 0$，即 $\frac{1}{g_i(\boldsymbol{x})} \to +\infty$，使得 $F(X,r_k)$ 的函数值变得很大，此时显然不可能在区域 D 的边界附近求得 $F(\boldsymbol{x},r_k)$ 的最优解，于是迫使迭代点向着远离区域 D 的边界去搜索最优解。该方法保证了迭代过程中得到的解一直处于可行域内，但需要找到一个可行的初始点。且如果搜索步长过大，有可能一步跨过障碍，所以在搜索过程中应适当控制步长，防止跨越障碍函数的情况发生。值得注意的是，内点法只适用于不等式约束问题，无法解决等式约束的问题。

例 2.11 用内点法求解下面的不等式约束优化问题

$$\min f(x) = x_1^2 + x_2^2$$

$$\text{s. t. } g(x) = 1 - x_1 \leqslant 0$$

解 构造对数障碍函数如下

$$B(x) = -\ln(x_1 - 1)$$

$$F(x,r_k) = x_1^2 + x_2^2 - r_k \ln(x_1 - 1)$$

解析法求函数 $F(x,r_k)$ 的极小点（在可行域内），令

$$\begin{cases} \dfrac{\partial F(x,r_k)}{\partial x_1} = 2x_1 - \dfrac{r_k}{x_1 - 1} = 0 \\ \dfrac{\partial F(x,r_k)}{\partial x_2} = 2x_2 = 0 \end{cases}$$

可得

$$x_1 = \left(\frac{1+\sqrt{1+2r_k}}{2}, 0\right)^{\mathrm{T}}$$

$$x_2 = \left(\frac{1-\sqrt{1+2r_k}}{2}, 0\right)^{\mathrm{T}}$$

但是驻点 x_2 不在问题的可行域内，故舍去。则该问题的最优解为 x_1。

令 $r_k \to 0$，则原问题的极小点为：

$$x^* = (1,0)^{\mathrm{T}}$$

2) 外点法

具有等式约束和不等式约束的优化问题可以表示为：

$$\min f(\boldsymbol{x}) \tag{2-73}$$

$$\text{s.t.} \ g_i(\boldsymbol{x}) \geqslant 0, \quad i=1,2,\cdots,m \tag{2-74}$$

$$h_j(\boldsymbol{x})=0, \quad j=1,2,\cdots,l$$

其中,目标函数 $f(\boldsymbol{x})$、不等式约束 $g_i(\boldsymbol{x})$、等式约束 $h_j(\boldsymbol{x})$ 是连续函数。

构造增广目标函数

$$F(\boldsymbol{x},\sigma)=f(\boldsymbol{x})+\lambda_k \alpha(\boldsymbol{x}) \tag{2-75}$$

式中,λ_k 为惩罚因子;$\alpha(\boldsymbol{x})$ 为罚函数,取为:

$$\alpha(\boldsymbol{x})=\sum_{j=1}^{m}[h_j(\boldsymbol{x})]^2+\sum_{i=1}^{l}[g_i(\boldsymbol{x})]^2 u(g_i(\boldsymbol{x})) \tag{2-76}$$

$$u(g_i(\boldsymbol{x}))=\begin{cases}0, & g_i(\boldsymbol{x})<0 \\ 1, & g_i(\boldsymbol{x})\geqslant 0\end{cases} \tag{2-77}$$

罚函数满足如下条件:

$$\alpha(x)\begin{cases}=0, & x \in D \\ >0, & x \notin D\end{cases} \tag{2-78}$$

可以发现,增广目标函数 $F(\boldsymbol{x},\lambda_k)$ 是定义在 R^n 上的一个无约束函数,可以采用适当的无约束优化方法进行求解。如果求出 $F(\boldsymbol{x},\lambda_k)$ 的最优解 $\boldsymbol{x}_{\lambda_k}$ 属于可行域 D,则 $\boldsymbol{x}_{\lambda_k}$ 是问题的最优解;如果 $\boldsymbol{x}_{\lambda_k}$ 不属于可行域 D,则 $\boldsymbol{x}_{\lambda_k}$ 不是问题的最优解,说明给定的惩罚因子太小,需要加大惩罚因子,使得 $\lambda_{k+1}>\lambda_k$,然后重新计算 $F(\boldsymbol{x},\lambda_{k+1})$ 的最优解。显然,外点法的惩罚力度取决于惩罚因子 λ_k 的大小。

相比内点法,外点法可以从非可行解出发,逐步移动到可行域内,这就意味着使用外点法不需要提供初始可行解。这对于实际问题求解十分重要,因为对于复杂问题,找到一组可行解是有难度的。但是,外点法多了一个超参数——惩罚因子,如何设定合适的惩罚因子会很大地影响求解过程。惩罚因子选的小会使最优解更容易落在可行域外,而惩罚因子选得大又会使函数的 Hesse 矩阵性质变坏。迭代过程中得到的解常常在可行域之外,难以观察到内点的变化情况也无法求得近似最优解。所以该方法称为外点法。

例 2.12 试用外点法求解如下等式约束优化问题

$$\min f(x)=(x_1-3)^2+(x_2-2)^2$$

$$\text{s.t.} \ g(x)=x_1+x_2-4=0$$

解 问题只有等式约束,对应的罚函数为

$$F(x,\lambda_k)=f(x)+\lambda_k \alpha(x)$$

$$=(x_1-3)^2+(x_2-2)^2+\lambda_k(x_1+x_2-4)^2$$

采用解析法求增广目标函数 $F(x,\lambda_k)$ 的极小点

$$\frac{\partial F(x,\lambda_k)}{\partial x_1}=2(x_1-3)+2\lambda_k(x_1+x_2-4)=0$$

$$\frac{\partial F(x,\lambda_k)}{\partial x_2}=2(x_2-2)+2\lambda_k(x_1+x_2-4)=0$$

求得 $F(x,\lambda_k)$ 的极小点为
$$x^k = \left(\frac{3+5\lambda_k}{1+2\lambda_k}, \frac{2+3\lambda_k}{1+2\lambda_k}\right)^T$$
取 $\lambda_k \to +\infty$，可得原约束优化问题的极小点为
$$x^* = (5/2, 3/2)^T$$

2.1.6 启发式优化算法

对于高维度优化问题，由于问题复杂度及数据量的极大增加，传统优化算法求解效率不足以处理该类问题。随着计算机技术的不断发展，逐渐发展了一类基于物理现象或者生物活动等自然现象构造的启发式优化算法[17]（heuristic optimization algorithm，简称启发式算法），在可接受的时间和运算能力范围内给出复杂优化问题的近似解或较优解。

启发式算法为解决复杂优化问题提供了一种灵活、高效且可解释的手段，适用于大规模优化问题的高效求解，在许多领域中都有广泛应用，如机器学习、工程优化等。常见的启发式算法包括遗传算法、模拟退火算法、粒子群优化算法、蚁群算法、人工免疫系统算法、禁忌搜索、量子算法等。启发式算法的设计与待求解问题的特征密切相关，可以根据问题的性质、约束条件和目标函数的形式来灵活调整算法的组成部分，使之更加适应于目标问题。相对于传统的精确求解方法，启发式算法侧重于寻找近似最优解，并且通过合理策略来缩小搜索空间，从而在给定的时间内找到可行解或较优解。以下简单介绍常用的几种启发式算法。

遗传算法[18]（genetic algorithm，GA）是一种模拟自然界生物进化过程中适者生存、优胜劣汰及遗传变异现象的优化算法。通过模拟选择、交叉和变异等操作，遗传算法能够在候选解中进行全局搜索，并逐代演化出更好的解。它适用于大规模问题、多目标优化和具有多样性要求的问题。

模拟退火算法[19]（simulated annealing arithmetic，SAA）模拟固体被加热熔化至高能状态，随着温度逐渐降低液体变为固体，状态能量也逐渐减小至平衡态的过程。此过程亦称为退火。固体退火过程中的状态能量与随机搜索寻优问题中的目标函数具有相似性。利用这种相似性，模拟退火算法通过 Metropolis 准则以一定的概率接受劣化解，逐步收敛到全局最优解。模拟退火算法广泛应用于组合优化各个领域。

粒子群优化算法[20]（particle swarm optimization，PSO）模拟鸟群在觅食过程中每只鸟都会根据自己记忆中食物量最多的位置和当前鸟群发现食物量最多的位置调整自己接下来的觅食方向，最终通过集体信息共享找到食物最多的地方。粒子群优化算法模拟鸟群觅食行为，以一种协作和竞争的方式进行搜索。粒子群优化算法通过更新每个粒子（候选解）的速度和位置，使其朝着个体经验最佳和全局最佳解的方向移动。该算法常用于连续优化、神经网络训练等问题。

蚁群算法[21]（ant colony optimization，ACO）模拟蚂蚁寻找食物时会释放一种称为信息素的化学物质，其他蚂蚁会通过感知和跟随这些信息素来选择路径，信息素浓度越高的路径被选择的概率越大，称为正反馈机制。蚁群算法模拟蚂蚁觅食行为，在解空间中通过信息素的正反馈机制找到最优路径。蚁群算法适用于求解图论问题及任务调度等优化问题。

人工免疫系统算法[22]（artificial immune algorithm，AIA）基于人类免疫系统的原理，通过对抗抗原（问题）和抗体（候选解）之间的相互作用，寻找最佳解决方案。该算法在优化问题中具有较好的应用潜力。

2.1.7 多目标优化算法

在实际问题中,经常需要考虑的优化目标不止一个,此即为多目标优化问题[23]。多目标优化过程中每个目标不可能都同时达到最优,需要设置权重予以平衡。如何分配目标权重是多目标优化的一个基本问题。

1. 多目标优化的数学描述

一般而言,设计变量 x、目标函数 $F(x)$,以及约束函数 $g_i(x)$ 和 $h_i(x)$ 是构成多目标优化问题的三要素。设计变量 x 是在实际工程设计中人为指定的对工程系统的属性、性能产生影响的一组向量,不同取值的设计变量意味着对应不同的优化设计方案,满足约束条件的一组设计变量通常可以用向量 $x=(x_1,x_2,\cdots,x_n)^T$ 表示,并称为优化问题的一个解。

目标函数是评价设计系统性能指标的数学表达式,在实际问题中决策者经常希望能同时使得多个性能指标达到最优化。所有的目标函数 $f_1(x),f_2(x),\cdots,f_s(x)$ 构成了多目标优化问题的目标函数向量 $F(x)$。

约束条件给出了设计变量需要满足的限制条件,用含有等式和不等式的约束函数来表示。满足所有约束函数(约束条件)的一组设计变量可以称为一个可行解,优化问题中所有的可行解构成了整个优化问题的可行域。

多目标优化问题的数学描述可表示为:

$$\begin{aligned} &\min f_r(x), \quad r=1,2,\cdots,s \\ &\text{s.t.} \, g_i(x) \geqslant 0, \quad i=1,2,\cdots,m \\ &\quad\quad h_j(x)=0, \quad j=1,2,\cdots,l \end{aligned} \tag{2-79}$$

式中,函数 $f_r(x)(r=1,2,\cdots,s)$ 称为目标函数;$g_i(x)$ 和 $h_j(x)$ 分别为不等式和等式约束函数;$x=(x_1,x_2,\cdots,x_n)^T$ 是 n 维的设计变量。

多目标优化问题中有 $s(s\geqslant 2)$ 个目标函数,r 个极小化目标函数,$(s-r)$ 个极大化目标函数和 $(m+l)$ 个约束函数(其中有 m 个不等式约束和 l 个等式约束)。

如果上述多目标优化问题的目标函数全部是极小化目标函数,约束函数全都是不等式约束,则可以得到一个标准多目标优化模型:

$$\begin{aligned} &\min F(x)=[f_1(x),f_2(x),\cdots,f_s(x)]^T \\ &\text{s.t.} \, g_i(x) \geqslant 0, \quad i=1,2,\cdots,m \end{aligned} \tag{2-80}$$

2. 多目标优化解的概念

多目标优化问题的目标函数是一个向量函数,如何判别两个向量 a、b 之间的大小是定义多目标优化解首先需要解决的问题。以下给出两个向量比较的基本概念。

定义 2.4 记 $a=[a_1,a_2,\cdots,a_m]^T$,$b=[b_1,b_2,\cdots,b_m]^T$ 是含有 m 个元素的向量。
(1) 如果对于所有 $i=1,2,\cdots,m$,$a_i=b_i$ 均成立,则称 a 等于 b,记为 $a=b$;
(2) 如果对于所有 $i=1,2,\cdots,m$,$a_i \leqslant b_i$ 均成立,则称 a 小于或等于 b,记为 $a \leqslant b$;
(3) 如果 $a_i \leqslant b_i$ 成立,且存在 $1 \leqslant j \leqslant m$,使得 $a_j \neq b_j$,则称 a 小于 b,记为 $a \leq b$;
(4) 如果对于所有 $i=1,2,\cdots,m$,$a_i < b_i$ 均成立,则称 a 严格小于 b,记为 $a<b$。

定义 2.5 记多目标优化问题的可行域为 D,$X^* \in D$,如果对于 $\forall X \in D$ 均有 $F(X^*)<F(X)$,则称 X^* 为多目标优化问题的绝对最优解。但绝对最优解不一定唯一,也

不一定存在。

定义 2.6 记多目标优化问题的可行域为 D，$x^* \in D$，如果不存在 $x \in D$ 使得 $F(x) \leqq F(x^*)$，则称 x^* 为多目标优化问题的有效解，也称 Pareto（帕累托）最优解。所有帕累托最优解组成的集合称为帕累托最优解集。

多目标优化问题中各个目标之间相互制约，使得一个目标性能改善往往是以损失其他目标性能为代价，很难找到，甚至不存在一个使所有目标性能都达到最优的解，所以多目标优化问题的解通常是一个有效解的集合，即帕累托解集。当存在多个帕累托最优解时，如果没有关于问题的更多信息，通常无法选择哪个解更优，因此所有的帕累托最优解都可以被认为是同等重要的。

3. 求解帕累托前沿解的方法

目前求解帕累托最优解的主要算法有评价函数法、分层求解法、目标规划法和其他基于启发式算法构造的方法。

评价函数法需要构造适当的评价函数，据此将多目标最优化问题转换为单目标最优化问题，最后对获得的解进行评价。评价函数法求解多目标最优化问题的关键在于如何构造合适的评价函数，为了反映不同目标之间的相对重要性，需要赋予不同目标之间相应的权重，越是重要的目标其对应的权重越大。实际中，常用专家赋值法或者判断矩阵法来确定不同目标之间的权值。

分层求解法的基本策略是根据决策者的意愿将多目标函数分为若干个优先层级。然后可以根据实际情况对于每个层级采用适当的方法进行逐次求解。如每个层级均为单目标优化问题，则称为完全分层多目标优化问题，可利用单目标优化问题的各类解法进行逐次求解。如某一层级仍是多目标优化问题，则可利用分层评价法等其他多目标优化方法进行逐次求解。

目标规划法适用于决策者希望目标值可以达到预先设定的目标值时，原多目标最优化问题转换为使得目标函数值与预期值之间偏差最小的规划问题。此时，原问题转化为单目标最优化问题，可以采用各类约束优化算法进行求解。

此外，启发式算法也可以被用来有效地解决多目标最优化问题。如基于遗传算法的非支配排序遗传算法-Ⅰ算法[24]（non-dominated sorting genetic algorithm Ⅰ，NSGA-Ⅰ）是影响较大和应用范围最广的一种多目标遗传算法。由于其简单有效的优越性，使得该算法已经成为多目标优化问题中的基本算法之一。

2.2 人工智能设计理论

人工智能设计理论旨在探索和实现设计的智能化或者类人化，涉及多个学科的理论和方法。随着人工智能技术的快速发展和广泛应用，人工智能设计理论成为引领人工智能发展的重要支撑。人工智能设计理论通过理解智能行为的本质和原理，进而对人类认知和决策过程进行模拟，最终开发出高效、可靠、安全的智能设计系统。

当前，人工智能设计理论还面临许多挑战和问题。首先，智能行为的本质和机制仍然存在许多未知和不确定性。人工智能设计理论需要建立起完备和可靠的理论框架，以指导智能设计系统实现。其次，智能设计涉及多个学科和领域的交叉，需要跨越计算机科学、工程科学、数学、认知科学、心理学、哲学等多个领域的知识和方法的融合与协同。迄今为止，人工智能理论主要包括知识表示、机器学习、机器推理、机器动作等内容，以下结合结构设计介绍智能理论的主要内容。

2.2.1 设计知识表示

知识表示（knowledge representation）是人工智能研究的重要内容，是对各种存储知识数据结构的设计。其目的在于实现各类知识在计算机中储存、检索、使用和修改。智能设计系统中的知识表示恰当与否不仅与知识的有效存储有关，也直接影响着系统的知识获取能力和运用效率。工程设计领域涉及大量各类理论和经验设计知识，这些知识可以分为操作类知识和数据类知识。操作类知识包括设计中用到的经验规则、计算公式、操作方法等，以及如何有效地组织、应用这些设计方法知识，也称为元知识；数据类知识包括设计条件、设计对象、设计目标等说明型知识。如何有效利用这些知识完成预定的设计任务，一个关键的前提条件就在于对已知各类设计知识的表示。

目前，已经发展了多种知识表示方法，其中常用的有：状态空间表示法、逻辑表示法、产生式系统以及过程表示法和直接表示法等。在结构拓扑优化方面，知识表示可以通过学习和理解材料的物理信息，推导出最佳结构形式的方案，以达到最佳性能和效率。在微观技术领域，知识表示可以帮助设计出高效、稳定和可控的微观结构，以应用于工程、材料、环境等领域。此外，知识表示技术还可以用于构建专家系统，以帮助工程师在设计和决策过程中获取专业信息和建议。例如，专家系统可以根据设计需求和结构特性，自动推荐最佳的结构模型，并为工程师提供一些可供选择的决策方案。

结构智能设计的知识类型按知识的不同功能可分为以下三种：

（1）事实性知识：用来描述结构设计中有关概念、事实、结构的属性、状态的知识。

事实性知识包括结构力学、材料力学、建筑物耐久性等方面的知识，设计师需要根据此类知识来选择建筑材料、设计建筑结构并计算建筑物的稳定性和承载力。事实性知识帮助工程师将各种结构模型进行语义化表示，使其便于理解和分析。

例如，对于建筑物的竖向承载力设计，设计师需要了解各种材料的强度、刚度和耐用性等事实性知识，以确保建筑物在正常使用条件下具有足够的承重能力，不容易倒塌或损坏。对于自然灾害作用的影响，如地震、强风等灾害可能对建筑物产生不同程度的破坏。设计师需要了解各种自然灾害的特点，以便选择合适的材料和设计方案。对于基础工程设计，设计师需要土力学、岩石力学、基础工程学等事实性知识帮助其选择合适的地基和基础，确保建筑物的稳定性和安全性。对于建筑法规和标准，工程师需要了解当地的建筑法规和标准，如高度限制、高宽比限值、结构体系特征、抗震等级等，以确保建筑物符合相关法规和标准要求。

（2）过程性知识：用来描述结构设计过程的相关知识，包括结构设计中用到的规则、定律、定理、经验和流程等。

工程师可以使用虚拟本体来描述建筑结构中的元素和属性，并使用推理技术推断出它们之间的关系和影响。过程性知识在结构设计中的应用是非常重要的，可以提供一种系统化的方法来选择最佳方案，以确保结构安全和稳定。例如，对于桥梁建设项目，基于过程性知识可以帮助工程师综合考虑影响桥梁建设的多种约束因素，从而确定最佳的设计和施工方案。此外，利用混凝土工艺、钢筋布置方式等先进工艺优化结构设计，以及通过采用先进材料、新型抗震措施等加强结构安全性的知识同样属于过程性知识表示。

(3) 控制性知识：又称深层知识或元知识，是"关于知识的知识"。

控制性知识是指在工程设计中引入一定的限制条件和控制机制，以保证设计方案的可行性和稳定性。在土木工程结构设计中，控制性知识涉及结构的材料选择、截面设计、连接选型等方面。例如，结构设计中采用刚性节点是一种典型的控制性知识应用，可以有效地控制结构的变形，提高结构的整体稳定性。另外，地基设计过程中也涉及控制性知识。例如，桩基设备预制桩的技术、控制桩的布设等方法可以有效地控制地基沉降和变形，保证结构的稳定性和安全性。在地震勘察设计中，知识表示可以应用于规划设计、土地资源评价、地质灾害监测等方面。

通常，不同知识表示方法对应于不同类别的问题，各自都有其适用范围；但很难找到一种能有效地解决所有问题的知识表示方法，工程中详细设计问题即属于这种情况。

2.2.2 设计知识学习

设计知识学习是将人工智能技术的机器学习算法应用于设计过程，从而实现工程结构自动化设计的目标。机器学习是指计算机系统不需要显式指令即可有效地执行特定任务，可以将其视为人工智能的一个子集。机器学习算法基于样本数据（训练数据）建立一个数学模型，以便进行预测或决策。机器学习算法包括有监督学习算法、无监督学习算法、强化学习算法、深度学习算法等。有监督学习模型利用已有带有标签的数据训练出能够预测未知标签的数据。常见的监督学习算法包括回归算法、决策树、支持向量机(SVM)算法和神经网络算法等。无监督学习模型在没有任何标签信息的情况下从数据中学习模式和规律。常见的无监督学习算法包括聚类分析、主成分分析(PCA)等。深度学习模型利用多层神经网络进行学习，具有非常强的表达能力，能够处理图像、声音和自然语言等非传统类型的数据。

深度学习算法由于其优异的性能逐渐成为机器学习算法的主流，它是传统神经网络的升级和改进，包括卷积神经网络(CNN)、循环神经网络(RNN)、长短时记忆网络(LSTM)和生成对抗网络(GAN)。深度学习和传统机器学习在数据预处理上都是类似的。核心差别在特征提取环节，深度学习由机器自身完成特征提取，而不需要人工提取。以下从数据预处理、模型选择与设计、训练优化、迁移学习等方面介绍设计深度学习中的知识学习方法。

1. 数据预处理

(1) 数据清洗：去除数据集中的噪声、异常值和缺失值，确保数据的质量和完整性。

(2) 特征选择与提取：根据土木工程任务需求选择相关特征，并进行特征提取和降维，以减少输入空间的维度和冗余信息。例如，在土木工程中可以选择土壤类型、地质结构、结构类别、材料种类等特征。

(3) 数据增强：通过对原始数据进行变换、旋转、缩放等操作，生成更多的训练样本，增加数据的多样性和泛化能力。在土木工程设计过程中，可以通过旋转、平移等方式增强地质勘测、建筑拓扑等方面的数据。

2. 模型选择与设计

(1) 网络结构：根据土木工程任务需求和数据特点，如图 2-12 所示，选择适合的网络结构,如卷积神经网络、循环神经网络、长短时记忆网络和变换器(transformer)等。在土木工程中,卷积神经网络常用于图像处理任务,循环神经网络、长短期记忆网络则常用于序列数据分析任务。

(2) 激活函数:根据网络结构和任务特点选择适当的激活函数,如 ReLU、sigmoid 和 tanh 等。将这些激活函数引入非线性特性,提高了模型的表达能力。

(3) 正则化方法:采用正则化方法,如 L1 正则化、L2 正则化和 Dropout 等,用于控制模型的复杂度,防止过拟合。在土木工程中,应该特别关注缺乏具体物理机制的输入和输出之间的问题,机器学习算法有望取得较传统函数拟合方式更好的效果。

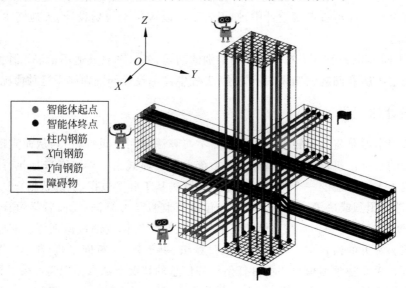

彩图 2-12

图 2-12 梁柱节点示意[25]

3. 训练优化

(1) 损失函数选择:选择合适的损失函数来衡量模型的性能和训练的目标,如均方误差、交叉熵损失等。在土木工程中,根据具体任务可以选择适当的损失函数来衡量模型预测结果与真实值之间的差异。

(2) 优化算法选择:选择合适的优化算法来更新模型的参数,如梯度下降法、小批量梯度下降法、随机梯度下降、动量法和随机优化方法等。针对具体问题选择适当的算法可以帮助模型快速收敛。

(3) 学习率调整:机器学习算法中的学习率事实上就是优化算法中的搜索步长。通过调整学习率策略,如采用学习率衰减和自适应学习率等策略,可以有效地提高模型的收敛速度和泛化性能。

4. 迁移学习

(1) 参数初始化:通过在预训练模型上进行参数初始化,利用已有模型的知识来加速和改善新模型的训练。在土木工程中,可以通过在已有设计结果的预训练模型上进行初始化,然后微调以适应具体任务。

(2) 微调模型:根据新任务的需求,对预训练模型进行微调,更新模型的部分参数或添加额外的层来适应新任务。例如,在土木工程中可以使用基于图像分类的预训练模型,然后在工程数据上微调,以进行目标检测任务,如图 2-13 所示。

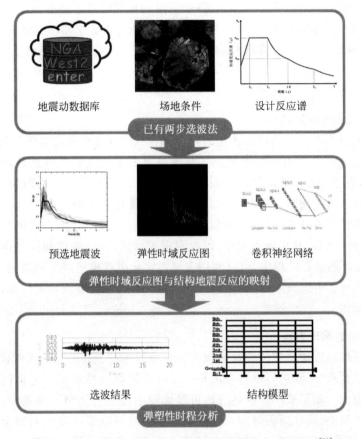

图 2-13 基于 CNN 的考虑地震波时频特征影响选波方法[26]

(3) 零样本学习:通过将已有知识迁移到新领域或新任务中,实现对未见过类别或数据的学习和理解能力。在土木工程中,可以将已有的地质结构数据或土壤类型知识迁移到类似的未知场地条件。

2.2.3 设计知识推理

知识推理是人工智能中一个重要的组成部分,旨在通过利用已知的知识和规则,从而推导出新的结论和信息。它是智能系统进行逻辑推理、问题解决和决策控制的基础,主要包括基于规则的推理、基于逻辑的推理、基于概率的推理和混合推理方法等。

1. 基于规则的推理方法

基于规则的推理方法是通过定义一组规则和条件来进行推理。规则通常采用 IF-THEN 形式,即如果某些条件满足,则执行特定的操作或输出特定的结论。基于规则的推理方法简单直观,易于理解和实现。其中,专家系统是应用基于规则的推理方法的典型代表。专家系统通过将领域专家的知识转化成一组规则,从而模拟专家的决策和推理过程。

基于规则的推理方法的原理是将已有的知识和经验转化为一组规则,通过匹配规则和条件来得到结论或决策。这种方法的优点在于可以直接利用已有的知识和规则,自动化地进行推理和决策,同时易于解释和调整。基于规则的推理方法的缺点在于规则需要手动编写或抽取,且可能存在冲突、覆盖度不足等问题,导致推理结果不够准确或完备。

基于规则的推理方法应用广泛,尤其是在专家系统、诊断系统和决策支持系统等领域。例如,在医疗诊断中,可以根据症状和病史等条件设定一组规则来判断病情和治疗方案;在金融领域,可以利用一组规则来进行风险评估和投资决策;在智能家居等领域,可以利用一组规则控制家电等设备的运行和状态。

2. 基于逻辑的推理方法

基于逻辑的推理方法是使用形式化的逻辑语言和推理规则进行推理。其中,经典逻辑、一阶逻辑和模态逻辑是常用的逻辑系统。基于逻辑的推理方法可以进行严格的推理和证明,具有较高的表达能力和适应性。然而,由于逻辑系统的复杂性,推理过程可能会面临计算复杂性和可扩展性的挑战,需要借助高性能计算和优化技术来实现。

基于逻辑的推理方法应用广泛,在机器学习、自然语言处理、知识图谱和智能问答等领域得到广泛应用。例如,在机器学习中,可以利用逻辑回归、决策树和神经网络等算法进行分类和预测;在自然语言处理中,可以利用逻辑形式化语言描述语义和逻辑关系,以便对文本进行解析和理解;在知识图谱和智能问答中,可以利用逻辑推理来进行知识表示和推理,并回答用户的问题。

3. 基于概率的推理方法

基于概率的推理方法是使用统计和概率模型进行推理。通过对不同假设或观察数据的概率进行建模和计算,从而进行推理和决策。贝叶斯网络和马尔夫逻辑网络是常用的基于概率的推理模型。基于概率的推理方法可以处理不完全信息和不确定性,具有强大的建模和推理能力。其中,贝叶斯网络和马尔可夫逻辑网络等模型可以用来表示不同类型的问题和知识,并利用贝叶斯定理和马尔可夫链等方法进行概率计算。其优点在于可以处理不完全信息和不确定性信息,具有较强的建模和推理能力,同时可以利用数据进行模型训练和优化。缺点在于需要充分考虑模型的准确性和可解释性,以及处理大规模数据的计算复杂度。

基于概率的推理方法在机器学习、自然语言处理、推荐系统和决策支持等领域中得到了广泛的应用。例如,在机器学习中,可以利用朴素贝叶斯、高斯混合模型和隐马尔可夫模型等算法进行分类和识别;在自然语言处理中,可以利用条件随机场和最大熵模型等方法进行文本分类和标注;在推荐系统和决策支持中,可以利用协同过滤、内容推荐和多属性决策等方法进行个性化推荐和决策制定。

4. 混合推理方法

混合推理方法是结合了多种推理方法的优点,提高了推理的性能和效果。它可以根据具体问题和需求,灵活地选择和组合不同的推理方法;可以通过融合规则推理、逻辑推理和概率推理等方法,充分利用各种推理方法的优势,提高推理的准确性和效率。其中,可以根据具体问题和需求选择不同的推理方法,并利用集成学习和融合算法等技术进行组合和优化。其优点在于可以充分利用各种推理方法的优势,增强推理的灵活性和鲁棒性,同时提高推理的准确性和效率。缺点在于可能需要更多的计算资源和模型参数,而且对于不同的问题和场景需要选择合理的组合方法和算法,通常具有一定难度。

混合推理方法应用广泛,在智能问答、自动驾驶、医疗诊断和金融风险评估等领域中得到广泛应用。例如,在智能问答中,可以结合语义解析、实体识别和知识图谱等,回答复杂的问题;在自动驾驶中,可以结合传感器数据、地图信息和决策规则等,做出安全可靠的驾驶决策;在医疗诊断和金融风险评估等领域,可以结合专家知识、统计模型和数据挖掘等,提高决策的准确性和效率。

在实际应用中,需要根据具体问题和需求选择适当的推理方法和模型,并充分考虑知识表示、知识获取和数据处理等问题。这些方法在不同的领域和场景中具有广泛的应用,为智能系统的决策制定和问题解决提供了有效的工具和技术。结构智能设计系统的建立也必将采用各种适合的推理、决策方法。随着人工智能技术的快速发展,知识推理方法将进一步深化和创新,为智能系统的推理能力和性能提供更多可能性。

2.2.4 机器学习算法

1. 机器学习的定义

从广义上来说,机器学习[27]是一种能够赋予机器人学习的能力,以此让它完成直接编程无法完成的功能的方法。但从实践的意义上来说,机器学习是一种通过利用数据,训练出模型,然后使用模型预测的一种方法。机器学习可以实现结构设计自动化、智能化和高效化。具体来说,土木工程结构设计需要考虑多个因素,如建筑要求、结构要求、施工要求、成本控制等方面,而传统方法通过计算机辅助计算和经验判断来进行设计,效率较低且很难获得最优设计方案。而机器学习可以通过大量数据的学习,快速生成最优设计方案。例如,基于神经网络的结构模型优化、基于遗传算法的结构参数优化、基于模糊综合评价的结构方案选择等。其中,基于神经网络的结构模型优化可以通过学习大量的结构设计成果,自动生成高效、稳定和安全的结构方案,并进行验证和优化;基于遗传算法的结构参数优化可以通过反复迭代和优化设计,最终得到最优设计结果;基于模糊综合评价的结构方案选择可通过对设计目标进行权重分配和评价,快速有效地选择最优设计方案。

2. 机器学习的分类

前已述及,通常机器学习可分为有监督学习、无监督学习、强化学习等。

1) 有监督学习

有监督学习是指通过给定的标签数据进行学习,以便对未知数据进行分类或回归。有监督学习在结构设计中的应用主要体现在预测模型的构建和优化方面。例如,可以使用有监督学习算法对建筑物在地震、风灾等自然灾害作用下的结构破坏机理进行探究,从而提高建筑结构的抗灾能力。此外,有监督学习也可以用于预测土木结构的疲劳寿命、裂缝扩展速率等相关参数,有助于提高建筑物的安全性和延长其使用寿命。

2) 无监督学习

无监督学习是指在没有标签数据的情况下进行学习,目标是发现数据中的隐藏结构或模式。无监督学习算法可以帮助土木结构设计人员更好地揭示隐藏在设计过程数据中的潜在规律,更好地提高设计效率和质量。

无监督学习在结构设计中的应用示例包括以下 3 种。

(1) 数据聚类：无监督学习可以使用聚类算法对不同土木工程结构材料用量、造价、施工工期进行分组，有助于制订设计方案和施工方案等。

(2) 异常检测：无监督学习可以用于检测土木结构运维过程中的异常，如损坏或应力集中区域，并提供预警信号。

(3) 对数据进行降维：无监督学习可以用于减少土木结构设计中的维数，从而使数据更易于可视化和分析。

3）强化学习

强化学习是一种通过与环境进行交互学习来实现预测目标的方法。强化学习在结构设计方面的应用具有广阔的前景，可以通过利用强化学习算法对土木结构的设计参数进行优化，提高设计效率和设计质量。

土木工程结构设计问题通常包括结构的拓扑优化、材料选择、荷载分配和受力分析等多个方面，其中存在大量的参数和不确定性，求解难度较大。强化学习可以通过对结构优化问题进行建模，将不确定性部分转化为状态和奖励，在反复尝试中通过相应的策略进行学习和优化。例如，可以通过神经网络预测结构的性能，将预测值作为强化学习的奖励函数，对结构进行逐步优化，最终得到满足特定条件的最优结构。或者可以通过对某个结构模型进行模拟，并通过反馈机制不断地根据预测结果调整参数来达到最优解。

此外，土木工程结构设计存在复杂的非线性动态响应问题，同时各类减隔震控制方法和技术被引入结构设计过程中，以便减少和降低灾害环境作用下建筑物的损失。这类问题的求解需要结合控制策略和结构优化方法。强化学习可以通过学习当前状态、探索可行的控制策略并收集奖励，与结构优化方法相结合，实现结构控制问题的求解。例如，可以使用强化学习算法优化桥梁的在线控制策略，减少桥梁在行车或风荷载作用下的振动幅度和损伤程度。

3. 机器学习的方法及应用

以下简要介绍机器学习中的基本方法，包括回归算法、支持向量机（SVM）算法、聚类算法、降维算法及神经网络算法，掌握相关机器算法的基本概念和方法有助于学习更加先进和复杂的各类算法模型。此处强调介绍方法的基本思路和适用范围，严格的数学证明和推导可参见其他相关文献。由于神经网络算法本身的重要性，同时也是各类更复杂深度学习算法的基础，因此重点介绍其基本思路和求解过程。

1）回归算法

回归算法是一类经典的数学工具，众所周知的线性回归、非线性回归等方法均属于回归算法。回归算法便于理解，使用广泛，也是学习其他复杂算法的基础。事实上，广义地也可以把各类机器学习模型或算法视为一类回归模型。

回归算法在土木结构智能设计中的应用包括结构响应预测、结构参数优化、结构可靠性分析等方面，通过分析不同设计参数变化对结构性能指标（如强度、稳定性等）的影响，建立回归模型来寻找最优设计参数，从而实现结构的优化设计。举例来说，回归模型可以用来建立混凝土配合比与其力学性能（强度和弹性模量等）指标之间的关系，进而可以通过调整混凝土配合比参数，优化混凝土材料的承载力。此外，回归模型可以利用历史数据预测结构性能的变化趋势，并根据预测趋势对结构设计方案进行改进和优化，提高结构的可靠性和安全性。

2) 支持向量机(SVM)算法

支持向量机算法最初诞生于统计学,同时在机器学习领域也得到广泛的应用。支持向量机算法从某种意义上来说是逻辑回归算法的改进:通过给予逻辑回归算法更严格的优化条件,支持向量机算法可以获得比逻辑回归更有效的分类界线。

SVM 可以作为一种基于结构风险最小化的分类器,通过最大间隔原理找到最优分类面,在土木工程中可以作为一种工具来实现结构优化。例如,通过建立合适的模型,采用 SVM 进行数据训练,最终得到混凝土墙的最优厚度设计方案。另外,SVM 还可以应用于桥梁设计中的跨度确定、支座布置和梁的几何形状选择等方面,通过数据训练和分类分析,可以快速确定备选初步设计方案,提高设计效率和准确性。

3) 聚类算法

有监督算法的一个显著特征就是训练数据中包含了标签,训练出的模型可以对其他未知数据预测标签。当训练数据缺乏标签时,有监督算法就不再适用。无监督算法则是针对训练数据不含标签的情形,通过算法训练推测出这些数据的标签。无监督算法中最典型的代表就是聚类算法,可以帮助人们更好地理解和设计复杂的数据结构,最常用的聚类算法是 K-Means 算法。

聚类算法在结构优化分析中可以用于分析大量的数据并挖掘其中的模式和规律。例如,对于土木结构的材料分类问题,可以利用聚类算法对大量不同材料建造的结构进行分类和聚类,以便更好地理解它们的特性、用途和适用范围,有助于在未来设计工作中进行材料的选择。在结构参数优化方面,聚类算法可以利用样本数据的特征相似性自动寻找规律并进行聚类分析,以便在优化设计中提供参考和建议。聚类算法还可以作为优化算法的一部分,通过聚类来优化数据结构的形态,使得结构更加紧凑、高效,实现结构更优异的性能。

4) 降维算法

降维算法也是一类无监督学习算法,其主要目的是将高维数据压缩到低维度,从而提升机器学习算法的效率。此处,维度表示数据特征量的大小,通过降维算法可以去除冗余信息,降低计算复杂度,提高计算效率,同时最大限度地保留数据的信息。通过降维算法,甚至可以将具有数千个特征的数据压缩至若干个特征。另外,降维算法还有益于数据的可视化,如将高维数据压缩至二维或三维后,可以直观地可视化其分布和变化规律。

降维算法可以在结构智能设计中应用于结构形态优化的初步设计。利用降维算法从大量的设计参数中提取出关键参数,将问题从高维度转化为低维度,可以简化、优化问题的求解难度,加快搜索速度,降低计算成本。具体地,降维算法可以用于确定土木结构的主要形状参数(如截面形状、横截面尺寸、长度等),以及材料力学性能参数(如弹性模量、截面惯性矩等)。通过对关键设计参数进行优化,可以实现土木结构在保证结构安全和可靠的同时,达到最优的结构形态和材料利用率。

5) 神经网络算法

人脑神经系统由许多基本单元——神经元组成,这些神经元通过突触相互连接,构成了一个复杂的神经网络系统,从而实现人类复杂的记忆、学习、推断、决策、反馈功能。人工神经网络是一类模拟人脑神经系统结构,从而实现类人功能的算法。通过不断地调整人工神经网络中的权值和偏置量,神经网络可以学习复杂的非线性映射关系,从而实现对一系列输入数据的分类、预测等功能。与传统的统计学习方法相比,神经网络的优势在于可以处理高维度数据,并且能够自动提取数据中的特征。

(1) 神经网络简介

由生物学可知,生物神经网络最基本的构成元素是神经元(neuron),人的大脑由上亿个神经元构成神经网络,不同神经元之间通过突触相互连接,通过神经递质相互传递信息(图 2-14)。如果某个神经元接收了足够多的神经递质(乙酰胆碱),那么其电位会积累足够高,当超过某个阈值时,这个神经元便被激活达到兴奋状态,而后发送神经递质给其他相连的神经元,据此实现信息的传输。

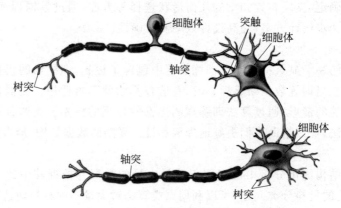

图 2-14 生物神经元模型

人工神经网络(artificial neural network,ANN),简称神经网络(neural network,NN),是一种模仿人类神经系统的结构和功能的数学模型或算法,用于对系统输入和输出之间的复杂关系进行估计或模拟。

神经网络主要由输入层、隐藏层和输出层构成。由于输入层通常未做任何变换,因此不计入神经网络层数。当隐藏层只有一层时,该网络为两层神经网络(图 2-15)。实际应用中,网络输入层的每个神经元代表了一个特征,输出层个数代表了分类标签的个数,而隐藏层层数与隐藏层神经元个数由人工设定。

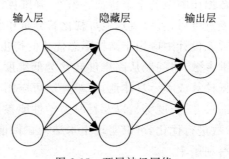

图 2-15 两层神经网络

(2) 神经网络的构建

1943 年,McCulloch 和 Pitts[28]将生物神经网络工作的原理抽象为一个简单的机器学习模型——MP 神经元模型(图 2-16),其数学模型可以表示为:

$$h = f\left(\sum_{i=1}^{n}\theta_i x_i - b\right) \tag{2-81}$$

式中：x_i 为神经元的 n 个输入信号；b 为神经元的阈值；θ_i 是第 i 个输入的权值；$f(\cdot)$ 为将神经元输入转换为输出的激活函数。

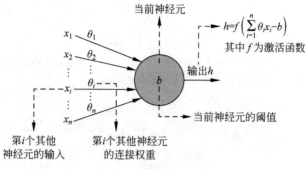

图 2-16　MP 神经元模型

可以发现，MP 神经元模型接收来自 n 个其他神经元传递过来的输入信号 x_i ($i=1$，$2,\cdots,n$)，这些输入信号通过带权重 θ_i 传递，神经元收到的总输入 $\left(\sum_{i=1}^{n}\theta_i x_i - b\right)$ 与神经元的阈值 b（也称为偏置）比较，最终通过激活函数（activation function）处理后产生神经元的输出。

最初，激活函数的形式选择为阶跃函数，如图 2-17 所示。

即输出有 0 或 1 两种，0 表示神经元不兴奋，1 则表示神经元兴奋。但阶跃函数不光滑且不连续，因此激活函数则选择为 Sigmoid 函数（sigmoid function）如下：

$$S(x) = \frac{1}{1+e^{-x}} \tag{2-82}$$

其函数图像如图 2-18 所示。

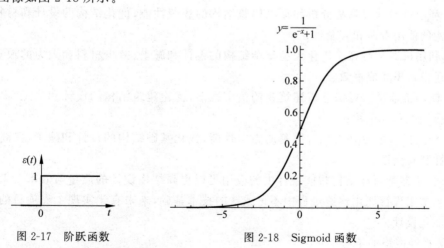

图 2-17　阶跃函数　　　　图 2-18　Sigmoid 函数

从 Sigmoid 函数图像可以发现,其函数值介于 0~1。其特点在于可以将较大范围内变化的输入值压缩到输出值在 (0,1) 区间内,因此也被称为挤压函数(squashing function)。根据问题的需要,把多个神经单元按照一定的层次连接起来便得到了一个多层神经网络(图 2-19)。

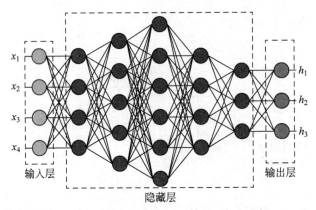

图 2-19 多层神经网络示意

对于输出函数,可以采用恒等输出,即在输出层不做任何变换。对于分类问题,二分类时采用 Sigmoid 分类器,输出层的神经元个数为 1 个;如果是多分类问题,即输出类别大于 1 时,输出层神经元的个数为类别个数,采用 Softmax 分类器。

神经网络在人工智能领域有着广泛的应用,如图像识别、语音识别、自然语言处理等。随着深度学习的兴起,神经网络的结构也越来越复杂,如卷积神经网络、循环神经网络等。神经网络在结构优化中的应用主要体现在结构设计中的参数优化和结构响应预测中。

迄今为止,机器学习在土木工程结构设计优化中的主要应用领域如下:

① 使用机器学习算法预测混凝土的强度和质量,从而优化混凝土的配合比和材料使用,提高混凝土的结构性能;

② 利用机器学习算法分析和预测建筑结构的疲劳性能,优化结构的设计和材料选用,提高结构的使用寿命和安全性;

③ 利用机器学习算法优化大型复杂结构的设计和施工,减少材料和人力的浪费,提高结构的建设效率和成本效益;

④ 使用机器学习算法分析建筑物的抗震性能,优化建筑结构的设计和施工,提高建筑物的抗震能力和安全性;

⑤ 利用机器学习算法分析地基的力学性能,优化基础结构的设计和施工,提高建筑物的稳定性和安全性。

总之,机器学习在结构智能设计中的应用可以提高结构设计的质量与效率。人工智能技术是土木工程智能化建造过程中不可或缺的技术基础,未来有望实现工程项目的全生命周期智能化设计。

(3) 神经网络的学习

构建了神经网络模型即可利用训练数据开展神经网络的学习过程。此处,"学习"的含义是利用训练数据自主地实现神经网络模型中最优权重参数标定的过程。

为了标定神经网络模型的最优权重参数,需要引入损失函数的概念。类似于前述优化分析过程,神经网络在学习过程中以选定的损失函数作为目标函数,采用各种优化方法去搜索网络模型权重参数的最优解。事实上,损失函数是神经网络模型对训练数据拟合程度误差的反映。

常用损失函数包括均方误差(mean square error,MSE)、均方根误差(root mean square error,RMSE)、平均绝对误差(mean absolute error,MAE)、交叉熵误差(cross entropy error,CEE)等。MSE、RMSE、MAE、CEE 的具体计算公式如下:

$$\text{MSE} = \frac{1}{2} \sum_{i=1}^{N} (y_i - \hat{y}_i)^2 \qquad (2\text{-}83)$$

$$\text{RMSE} = \sqrt{\frac{1}{N} \sum_{i=1}^{N} (y_i - \hat{y}_i)^2} \qquad (2\text{-}84)$$

$$\text{MAE} = \frac{1}{N} \sum_{i=1}^{N} |\hat{y}_i - y_i| \qquad (2\text{-}85)$$

$$\text{CEE} = -\sum_{i=1}^{N} \hat{y}_i \log y_i \qquad (2\text{-}86)$$

式(2-83)~式(2-86)中,y_i 为神经网络输出值;$\hat{y}_i$ 为训练数据值;N 为预测样本个数。

至此,原则上可利用适当的优化算法进行神经网络模型的训练,以便获得模型的最优权重参数。其中,优化目标函数为损失函数,设计变量为神经网络模型权重参数和阈值(也称为偏置)等模型参数。给定神经网络模型的结构后,其学习或训练的基本过程可以表示如下:

① 数据选取:从全部训练数据中选取一小部分数据,称为小样本批量学习(mini-batch),以便减小损失函数的计算值和提高其计算效率;

② 梯度计算:采用数值微分或者反向传播算法计算损失函数对权重参数的梯度;

③ 参数更新:将权重参数沿着梯度方向进行微小更新;

④ 迭代求解:重复①~③直至达到收敛标准。

(4) 神经网络的误差反向传播算法

通过解析方法或者数值微分方法计算损失函数对权重参数的梯度虽然概念清晰、实现简单,但是对于大规模网络优化而言通常耗时过多,一度严重制约了神经网络算法的发展和应用。直到误差反向传播算法的出现,才使得机器学习算法具备了高效计算权重梯度的途径,大大推动了机器学习算法在大规模网络系统中的应用。

由前馈神经网络最后一层的评价函数反向逐层计算每层的损失函数梯度,也就是反向逐层计算损失函数对权重和偏置参数的偏导数,这一计算过程被称为误差反向传播算法(back propagation,BP);误差反向传播算法是神经网络训练的核心方法。以下介绍误差反向传播算法的数学原理和计算过程。

以图 2-20 所示多层神经网络为例,每层只包含一个神经元,则网络总共有 3 个权重和 3 个偏置。6 个参数分别记为 $w^{(2)}$、$b^{(2)}$、$w^{(3)}$、$b^{(3)}$、$w^{(4)}$、$b^{(4)}$,其中 w 代表权重,b 代表偏置,上角标代表层号;C_0 表示损失函数;$z^{(L)}$ 是第 L 层的加权和,$a^{(L)}$ 为第 L 层的预测值,L 为总层数。

网络模型训练过程中,由输入层出发至输出层计算损失函数的过程称为正向传播。损失函数 C_0 的计算步骤可以概括为:① 利用输出层权重 $w^{(L)}$ 和偏置 $b^{(L)}$,以及前一层的激活

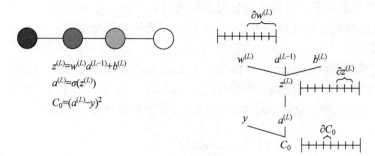

图 2-20 简单四层神经网络

值 $a^{(L-1)}$，计算出 $z^{(L)}$；②通过输出激活函数 $\sigma(z^{(L)})$ 计算出模型输出值 $a^{(L)}$；③结合训练样本函数的训练值 y 计算出损失函数 C_0，此处损失函数定义为 $(a^{(L)}-y)^2$。

网络模型训练过程中需要利用损失函数对网络参数的梯度确定优化方向，反向传播算法提供了求解 $\dfrac{\partial C_0}{\partial w^{(L)}}$ 的高效方法。损失函数 C_0 对 $w^{(L)}$ 的导数描述了模型参数 $w^{(L)}$ 变化对损失函数 C_0 的影响程度。图 2-20 中 $\partial w^{(L)}$ 是 $w^{(L)}$ 的微小变化，而 ∂C_0 就是 $w^{(L)}$ 的微小变化 $\partial w^{(L)}$ 引起 C_0 的变化。事实上，C_0 的变化是由于 $w^{(L)}$ 的变化引起 $z^{(L)}$ 的变化，导致 $a^{(L)}$ 发生变化，最终影响到损失函数 C_0。

基于上述分析可以发现，C_0 是 $w^{(L)}$ 的复合函数，求 C_0 对 $w^{(L)}$ 的导数是复合函数求导，利用链式求导法则可得

$$\frac{\partial C_0}{\partial w^{(L)}}=\frac{\partial C_0}{\partial a^{(L)}}\frac{\partial a^{(L)}}{\partial z^{(L)}}\frac{\partial z^{(L)}}{\partial w^{(L)}}=\frac{\partial z^{(L)}}{\partial w^{(L)}}\frac{\partial a^{(L)}}{\partial z^{(L)}}\frac{\partial C_0}{\partial a^{(L)}} \tag{2-87}$$

式中，最后一个等号右边是链式法则求导过程的反向表示。

此处三个导数的求导结果分别为

$$\frac{\partial C_0}{\partial a^{(L)}}=2(a^{(L)}-y) \tag{2-88}$$

$$\frac{\partial a^{(L)}}{\partial z^{(L)}}=\sigma'(z^{(L)}) \tag{2-89}$$

$$\frac{\partial z^{(L)}}{\partial w^{(L)}}=a^{(L-1)} \tag{2-90}$$

则损失函数 C_0 对第 L 层权重 $w^{(L)}$ 的导数公式为

$$\frac{\partial C_0}{\partial w^{(L)}}=a^{(L-1)} \cdot \sigma'(z^{(L)}) \cdot 2(a^{(L)}-y) \tag{2-91}$$

式(2-91)仅是一个训练样本损失函数对 $w^{(L)}$ 的导数，多个训练样本的损失函数可采用训练样本损失函数的平均值表示。因此，训练样本总体损失函数对 $w^{(L)}$ 的导数可以表示为

$$\frac{\partial C_0}{\partial w^{(L)}}=\frac{1}{n}\sum_{i=0}^{n-1}\frac{\partial C_i}{\partial w^{(L)}} \tag{2-92}$$

式中，n 为训练样本数量。

类似地，C_0 对偏置 $b^{(L)}$ 的导数仍可根据链式法则求得

$$\frac{\partial C_0}{\partial b^{(L)}} = \frac{\partial z^{(L)}}{\partial b^{(L)}} \frac{\partial a^{(L)}}{\partial z^{(L)}} \frac{\partial C_0}{\partial a^{(L)}} = 1 \cdot \sigma'(z^{(L)}) \cdot 2(a^{(L)} - y) \tag{2-93}$$

上述过程求出了损失函数对最后一层神经元的权重和偏置的导数，还需要计算出损失函数对其他层神经元模型参数的导数。由于其他层的参数并没有用于直接计算损失函数值，因此不能直接求导得到。但根据网络模型结构，可以间接求得损失函数对第 $L-1$ 层权重导数为

$$\frac{\partial C_0}{\partial w^{(L-1)}} = \frac{\partial z^{(L-1)}}{\partial w^{(L-1)}} \frac{\partial a^{(L-1)}}{\partial z^{(L-1)}} \frac{\partial C_0}{\partial a^{(L-1)}} \tag{2-94}$$

式(2-94)右侧三项偏导数均可由网络模型获得。对于层数为 $L-1$ 的神经元

$$z^{(L-1)} = w^{(L-1)} a^{(L-2)} + b^{(L-1)} \tag{2-95}$$

由式(2-95)可得式(2-94)中等号右侧第一项偏导数

$$\frac{\partial z^{(L-1)}}{\partial w^{(L-1)}} = a^{(L-2)} \tag{2-96}$$

根据 $L-1$ 层神经元结构可得

$$a^{(L-1)} = \sigma(z^{(L-1)}) = \sigma(w^{(L-1)} a^{(L-2)} + b^{(L-1)}) \tag{2-97}$$

则由式(2-97)可得式(2-94)中等号右侧第二项偏导数

$$\frac{\partial a^{(L-1)}}{\partial z^{(L-1)}} = \sigma'(z^{(L-1)}) \tag{2-98}$$

虽然式(2-94)中的右侧第三项导数 $\frac{\partial C_0}{\partial a^{(L-1)}}$ 无法直接求得，但注意到 C_0 是 $a^{(L-1)}$ 的复合函数，仍可通过链式法则求得 C_0 对 $a^{(L-1)}$ 的导数

$$\frac{\partial C_0}{\partial a^{(L-1)}} = \frac{\partial C_0}{\partial a^{(L)}} \frac{\partial a^{(L)}}{\partial z^{(L)}} \frac{\partial z^{(L)}}{\partial a^{(L-1)}} \tag{2-99}$$

对于本例，将前述所得及 $\frac{\partial z^{(L)}}{\partial a^{(L-1)}} = w^{(L)}$ 代入式(2-99)，可得式(2-94)中的等号右侧第三项导数

$$\frac{\partial C_0}{\partial a^{(L-1)}} = 2(a^{(L)} - y) \cdot \sigma'(z^{(L)}) \cdot w^{(L)} \tag{2-100}$$

整理即可获得损失函数对第 $L-1$ 层权重 $w^{(L-1)}$ 的导数为

$$\frac{\partial C_0}{\partial w^{(L-1)}} = \frac{\partial z^{(L-1)}}{\partial w^{(L-1)}} \frac{\partial a^{(L-1)}}{\partial z^{(L-1)}} \cdot \frac{\partial C_0}{\partial a^{(L)}} \frac{\partial a^{(L)}}{\partial z^{(L)}} \frac{\partial z^{(L)}}{\partial a^{(L-1)}} \tag{2-101}$$

同理，可推导出 C_0 对 $b^{(L-1)}$ 的导数

$$\frac{\partial C_0}{\partial b^{(L-1)}} = \frac{\partial z^{(L-1)}}{\partial b^{(L-1)}} \frac{\partial a^{(L-1)}}{\partial z^{(L-1)}} \cdot \frac{\partial C_0}{\partial a^{(L)}} \frac{\partial a^{(L)}}{\partial z^{(L)}} \frac{\partial z^{(L)}}{\partial a^{(L-1)}} \tag{2-102}$$

进一步，可求得代价函数对第 $L-2$ 层的权重和偏置导数计算式为：

$$\frac{\partial C_0}{\partial w^{(L-2)}} = \left(\frac{\partial z^{(L-2)}}{\partial w^{(L-2)}} \frac{\partial a^{(L-2)}}{\partial z^{(L-2)}} \right) \cdot \left(\frac{\partial z^{(L-1)}}{\partial a^{(L-2)}} \frac{\partial a^{(L-1)}}{\partial z^{(L-1)}} \right) \cdot \left(\frac{\partial z^{(L)}}{\partial a^{(L-1)}} \frac{\partial a^{(L)}}{\partial z^{(L)}} \frac{\partial C_0}{\partial a^{(L)}} \right) \tag{2-103}$$

$$\frac{\partial C_0}{\partial b^{(L-2)}} = \left(\frac{\partial z^{(L-2)}}{\partial b^{(L-2)}} \frac{\partial a^{(L-2)}}{\partial z^{(L-2)}} \right) \cdot \left(\frac{\partial z^{(L-1)}}{\partial a^{(L-2)}} \frac{\partial a^{(L-1)}}{\partial z^{(L-1)}} \right) \cdot \left(\frac{\partial z^{(L)}}{\partial a^{(L-1)}} \frac{\partial a^{(L)}}{\partial z^{(L)}} \frac{\partial C_0}{\partial a^{(L)}} \right) \tag{2-104}$$

由于输入层不包含任何权重和偏置参数，因此不需要考虑。

对于层数更多的一般网络,求损失函数对第 i 层权重 $w^{(i)}$ 和偏置 $b^{(i)}$ 的偏导数时,类似地,可根据链式求导法则推导出如下结果:

$$\frac{\partial C_0}{\partial w^{(i)}} = \left(\frac{\partial z^{(i)}}{\partial w^{(i)}}\frac{\partial a^{(i)}}{\partial z^{(i)}}\right) \cdot \left(\frac{\partial z^{(i+1)}}{\partial a^{(i)}}\frac{\partial a^{(i+1)}}{\partial z^{(i+1)}}\right) \cdots \cdot \left(\frac{\partial z^{(L-1)}}{\partial a^{(L-2)}}\frac{\partial a^{(L-1)}}{\partial z^{(L-1)}}\right) \cdot \left(\frac{\partial z^{(L)}}{\partial a^{(L-1)}}\frac{\partial a^{(L)}}{\partial z^{(L)}}\frac{\partial C_0}{\partial a^{(L)}}\right),$$
$$i = 2, 3, \cdots, L-1 \tag{2-105}$$

$$\frac{\partial C_0}{\partial b^{(i)}} = \left(\frac{\partial z^{(i)}}{\partial b^{(i)}}\frac{\partial a^{(i)}}{\partial z^{(i)}}\right) \cdot \left(\frac{\partial z^{(i+1)}}{\partial a^{(i)}}\frac{\partial a^{(i+1)}}{\partial z^{(i+1)}}\right) \cdots \cdot \left(\frac{\partial z^{(L-1)}}{\partial a^{(L-2)}}\frac{\partial a^{(L-1)}}{\partial z^{(L-1)}}\right) \cdot \left(\frac{\partial z^{(L)}}{\partial a^{(L-1)}}\frac{\partial a^{(L)}}{\partial z^{(L)}}\frac{\partial C_0}{\partial a^{(L)}}\right),$$
$$i = 2, 3, \cdots, L-1 \tag{2-106}$$

式中,i 取值从 2 开始,因为第一层不需要求损失函数对参数的偏导;i 取值到 $L-1$,损失函数对倒数第二层权重和偏置的偏导数,此即为反向传播过程的数学描述。可见,在网络优化过程中,欲求的损失函数对每一层网络参数权重和偏置的偏导数,可以从后向前逐层采用链式法则实现反向求导。

反向传播的数学描述逻辑严谨,形式严格,但偏于抽象,不利于理解。接下来,通过图解法说明反向传播过程,以进一步加深理解。

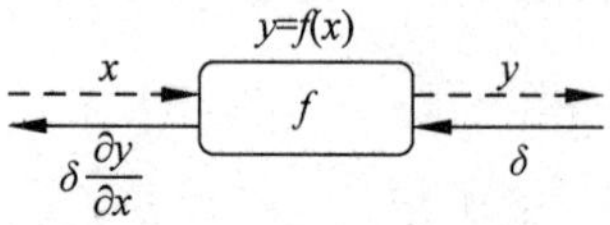

图 2-21 反向传播示意

在神经网络计算过程中,从输入层出发直至输出层的计算称为正向传播。如图 2-21 中的某一个网络节点,虚线箭头所示从左向右方向为正向传播,给定输入 x 计算输出 $y = f(x)$。相反地,输出层出发至输入层的计算则称为反向传播,如图 2-21 实线箭头所示从右向左方向,给定 δ 计算得到 $\delta\frac{\partial y}{\partial x}$。其中,$\frac{\partial y}{\partial x}$ 称为节点的局部导数,通过反向传播可以高效计算神经网络系统的梯度。

误差反向传播算法的基本思路是,将反向传播上游传来的 δ 乘以该节点的正向传播局部导数 $\frac{\partial y}{\partial x}$,然后沿着反向传播方向传递给下一个节点,据此即可高效地计算出损失函数对权重参数的梯度。

对于多层网络节点,可以利用复合函数求导的链式法则进行反向传播计算。如图 2-22 所示,沿着正向传播(虚线方向)复合函数 $z = (x+y)^3$ 可以按照如下两步进行计算:

$$\begin{cases} t = x + y \\ z = t^3 \end{cases} \tag{2-107}$$

现在考虑求输出 z 对输出 x、y 的导数 $\frac{\partial z}{\partial x}$、$\frac{\partial z}{\partial y}$。

现在考虑利用复合函数求导的链式法通过反向传播计算 z 对输出 x、y 的导数。如图 2-22 所示,沿着反向传播(实线方向)时立方运算节点(图中右侧节点)上游输入为 $\frac{\partial z}{\partial z}$,将其乘以正向传播方向该节点的局部导数 $\frac{\partial z}{\partial t}$ 可得 $\frac{\partial z}{\partial z}\frac{\partial z}{\partial t}$,然后将 $\frac{\partial z}{\partial z}\frac{\partial z}{\partial t}$ 沿着反向传播方向传递给下一个加法节点(图中左侧节点)。同理,沿着反向传播(实线方向)时加法运算节点上游输入为 $\frac{\partial z}{\partial z}\frac{\partial z}{\partial t}$,将其乘以正向传播方向该节点的局部导数 $\frac{\partial t}{\partial x}$ 可得 $\frac{\partial z}{\partial z}\frac{\partial z}{\partial t}\frac{\partial t}{\partial x}$,将其乘以正向传播方向该节点的局部导数 $\frac{\partial t}{\partial y}$ 可得 $\frac{\partial z}{\partial z}\frac{\partial z}{\partial t}\frac{\partial t}{\partial y}$。根据 $\frac{\partial z}{\partial z} = 1$、$\frac{\partial z}{\partial t} = 3t^2$、$\frac{\partial t}{\partial x} = 1$ 和 $\frac{\partial t}{\partial y} = 1$ 可知,z

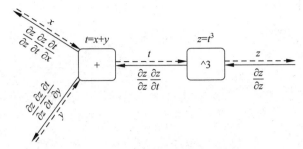

图 2-22 复合函数链式规则反向传播示意

对输出 x 的导数 $\dfrac{\partial z}{\partial x}=\dfrac{\partial z}{\partial z}\dfrac{\partial z}{\partial t}\dfrac{\partial t}{\partial x}=1\times 3t^2\times 1=3(x+y)^2$。类似地，$z$ 对输出 y 的导数 $\dfrac{\partial z}{\partial y}=\dfrac{\partial z}{\partial z}\dfrac{\partial z}{\partial t}\dfrac{\partial t}{\partial y}=1\times 3t^2\times 1=3(x+y)^2$。如此即可计算出 z 对输出 x、y 的梯度。

作为示例，以 $\dfrac{\partial L}{\partial t}$ 或 $\dfrac{\partial L}{\partial y}$ 作为反向传播过程中节点的输入，给出神经网络中常用的加法算法、乘法算法及激活层 Sigmoid 函数的反向传播计算，如图 2-23～图 2-25 所示。

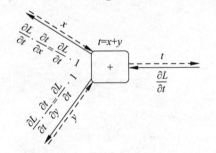

图 2-23 加法运算反向传播示意

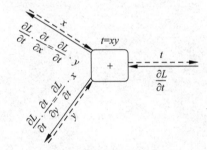

图 2-24 乘法运算反向传播示意

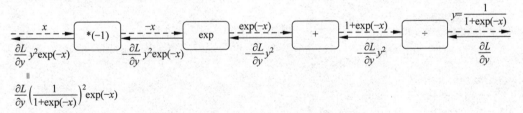

图 2-25 Sigmoid 函数反向传播示意

类似地，神经网络中其他函数的反向传播计算也可以按照此原则，通过反向传播上游输入乘以正向传播局部导数逐次传播，最终计算出损失函数对权重参数的梯度。

例 2.13 试利用机器学习模型预测混凝土立方体抗压强度等级与混凝土轴心抗压强度设计值之间的关系。

强度类别	混凝土强度等级												
	C15	C20	C25	C30	C35	C40	C45	C50	C55	C60	C65	C70	C75	C80
f_c/MPa	7.2	9.6	11.9	14.3	16.7	19.1	21.1	23.1	25.3	27.5	29.7	31.8	33.8	35.9

Python 代码如下：

```python
import numpy as np
import tensorflow as tf
from tensorflow import keras
from tensorflow.keras import layers
import pandas as pd
import matplotlib.pyplot as plt
# 构建神经网络模型
model = keras.Sequential([
layers.Dense(64, activation = 'leaky_relu',input_shape = (1,)),
layers.Dense(32, activation = 'leaky_relu'),
layers.Dense(2)])
data1 = pd.read_excel('**.xlsx',0)
# 编译模型
model.compile(optimizer = 'adam',loss = 'mean_squared_error')
x_train = data1.iloc[:14, 0].values.reshape(-1, 1)
y_train = data1.iloc[:14, [1, 2]].values
x_test = data1.iloc[14:,0].values.reshape(-1, 1)
y_test = data1.iloc[14:,[1, 2]].values
y_test
test = np.array(y_test)
# 提取第一列数据
fc_true = test[:,0]
ft_true = test[:,1]
# 编译模型
model.compile(optimizer = 'adam',loss = 'mean_squared_error')
# 训练模型
model.fit(x_train, y_train, epochs = 10000)
# 评估模型
test_loss = model.evaluate(x_test, y_test)
print('Test Loss:',test_loss)
# 使用模型进行预测
x_new = np.array([[15],[20],[25],[30],[35],[40],[45],[50],[55],[60],[65],[70],[75],[80]])
# 新的输入样本
y_pred = model.predict(x_new)
print('Predicted Outputs:',y_pred)
# 给定的二维数组
x = np.array(x_new)
data2 = np.array(y_pred)
# 提取第一列数据
fc_pre = data2[:,0]
ft_pre = data2[:,1]
# 创建线图
plt.plot(x, fc_true, linestyle = '--',color = 'r',marker = 'o',label = '真值')
plt.plot(x, fc_pre, linestyle = '--',color = 'b',marker = 's',label = '预测值')
# 添加标题和标签
plt.xlabel('混凝土强度等级')
plt.ylabel('fc')
```

```
# 显示图例
plt.legend()
# 显示图形
plt.show()
```

预测结果如图 2-26 所示。

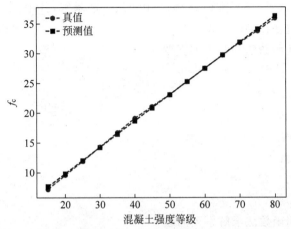

彩图 2-26

图 2-26 混凝土轴心抗压强度预测值与设计值

可以看出,通过神经网络模型预测的混凝土轴心抗压强度设计值与实际的抗压强度设计值吻合良好。

练习题

[2-1] 求下列函数的梯度和 Hesse 矩阵。

(1) $f(\boldsymbol{x}) = 2x_1^2 + x_1 x_2 + 9x_1 x_3 + 3x_2^2 + x_2 x_3 + 2x_2$;

(2) $f(\boldsymbol{x}) = \ln(x_1^2 + x_1 x_2 + x_2^2)$;

(3) $f(\boldsymbol{x}) = (x_1 \quad x_2) \begin{pmatrix} 2 & 1 \\ 1 & 2 \end{pmatrix} \begin{pmatrix} x_1 \\ x_2 \end{pmatrix} + (1 \quad 3) \begin{pmatrix} x_1 \\ x_2 \end{pmatrix}$;

(4) $f(\boldsymbol{x}) = x_1^2 + 2x_1 x_2 + 3x_2^2 - x_1 + x_2$。

写出其矩阵-向量形式 $f(\boldsymbol{x}) = \dfrac{1}{2}\boldsymbol{x}^\mathrm{T}\boldsymbol{Q}\boldsymbol{x} + \boldsymbol{b}^\mathrm{T}\boldsymbol{x}$,并判断 $\boldsymbol{Q}$ 是不是奇异。

[2-2] 利用 K-T 条件,求解下列问题。

$$\min f(\boldsymbol{x}) = x_1^2 + x_2^2 - 2x_1 - 4x_2$$

$$\text{s.t.} \begin{cases} x_2 - x_1 = 1 \\ x_1 + x_2 \leqslant 2 \\ x_1 \geqslant 0 \\ x_2 \geqslant 0 \end{cases}$$

[2-3] 求解下列无约束优化问题。

(1) $\min f(\boldsymbol{x}) = x_1^2 + 25x_2^2$ 用最速下降法求解,其中: $\boldsymbol{x} = [x_1, x_2]^\mathrm{T}$,初始点选取为 $\boldsymbol{x} =$

$[2,2]^T$,终止误差 $\varepsilon = 1 \times 10^{-6}$;

(2) $\min f(\boldsymbol{x}) = 4(x_1+1)^2 + 2(x_2-1)^2 + x_1 + x_2 = 10$ 用修正牛顿迭代法求解,其中: $\boldsymbol{x} = [x_1, x_2]^T$,初始点选取为 $\boldsymbol{x} = [0,0]^T$,终止误差 $\varepsilon = 1 \times 10^{-2}$;

(3) $\min f(\boldsymbol{x}) = 2x_1^2 + x_2^2 - x_1 x_2$ 用共轭梯度法求解,其中: $\boldsymbol{x} = [x_1, x_2]^T$,初始点选取为 $\boldsymbol{x} = [0,1]^T$,终止误差 $\varepsilon = 1 \times 10^{-2}$;

(4) $\min f(\boldsymbol{x}) = 4(x_1-5)^2 + (x_2-6)^2$ 用变尺度法求解,其中: $\boldsymbol{x} = [x_1, x_2]^T$,初始点选取为 $\boldsymbol{x} = [8,9]^T$,终止误差 $\varepsilon = 1 \times 10^{-2}$。

[2-4] 用外点罚函数法求解下列问题。

(1) $\min f(x_1, x_2) = x_1^2 - x_1 x_2 + x_2 - x_1 + 1$

$\qquad x_1^2 + x_2^2 - 6 \geqslant 0$

s.t. $2x_1 + 3x_2 - 9 = 0$;

(2) $\min f(x) = (x-1)^2$

s.t. $x - 2 \geqslant 0$;

(3) $\min f(x, y) = x^2 + y^2$

s.t. $y - 1 = 0$。

[2-5] 用内点罚函数法求解下列问题。

(1) $\min f(x_1, x_2) = \frac{1}{3}(x_1+1)^3 + x_2$

s.t. $x_1 - 1 \geqslant 0$

$\qquad x_2 \geqslant 0$;

(2) $\min f(x_1, x_2) = x_1^2 + x_2^2$

$\qquad x_1 + x_2 - 1 \geqslant 0$

s.t. $2x_1 - x_2 - 2 \geqslant 0$。

[2-6] 试给出如下激活函数 ReLU(rectified linear unit) 函数的反向传播算法图。

$$y = \begin{cases} x, & x > 0 \\ 0, & x \leqslant 0 \end{cases}$$

[2-7] 某预制混凝土构件加工厂计划生产 A、B 两种楼梯,各需要混凝土 $2m^3$ 和 $4m^3$,所需的工时分别为 4 个和 2 个。现在可用的混凝土为 $100m^3$,工时为 120 个。每生产一个 A 楼梯可获利 2000 元,生产一个 B 楼梯可获利 1500 元。那么应当安排生产 A、B 楼梯各多少个才能获得最大利润?

(1) 列出该问题的数学模型;

(2) 采用适当的算法求出最优解。

3 结构方案智能设计

结构设计智能化是一种基于计算机辅助设计技术的设计方法,可以帮助工程师在设计过程中更加高效地实现结构的设计和优化。结构智能设计的核心思想是将设计变量参数化,通过组合和优化参数值来提高设计过程的灵活性和重复性。

结构智能设计过程中,设计师首先需要确定设计的目标和要求,然后通过建立参数化模型来构建结构方案的可行域,最后通过参数优化来达到最优设计目标。本章主要介绍结构方案智能设计的基本原理和方法,包括参数化建模、智能分析和智能优化等方面。同时,还介绍一些结构智能设计的实际应用案例,以便读者更好地了解结构智能设计的应用价值。

3.1 概述

建筑设计与结构设计是相辅相成的,结构设计的智能化也必然以建筑设计的智能化为基础。众所周知,建筑设计是一门伴随人类社会不断演进的古老艺术,随着科学技术的进步和发展,建筑设计也融入了许多科技元素。为了满足人类对建筑多元化和个性化的需求,许多新型建筑设计理念和方法也得到了持续发展。与此同时,在大数据和人工智能飞速发展的今天,建筑结构设计的智能化也成为技术进步的必然选择。

建筑智能设计[29]是一种基于计算机技术的建筑设计方法,它能够通过对建筑构成元素进行参数化建模和控制来实现自动化设计。通过使用建筑智能设计工具,建筑师可以快速地生成、修改和优化建筑设计方案,实现高效、灵活的建筑设计。结构智能设计技术充分利用了计算机技术的优势,通过算法和数据分析来帮助设计师更快速地完成复杂的结构设计任务,并保证设计结果的合理性和可行性,有效克服了传统设计过程中依靠专业人员经验判断导致的耗时、费力问题。

结构智能设计技术涵盖了多种理论和方法,包括基于规则的设计、启发式算法、神经网络、模糊逻辑等,适用于不同的应用场景,但其中的共同点在于:以数据为驱动,通过自我学习和自适应优化来实现结构设计过程的智能化。

结构设计与建筑设计之间具有紧密的关系,相互影响、相互制约,结构设计的智能化离不开建筑设计的智能化。以下在简要介绍建筑设计和结构设计相互关系的基础上,着重说明建筑设计智能化的主要途径,以便为讨论结构智能设计建立基础。

建筑智能设计是一种基于计算机技术和数学理论的建筑设计方法,可以实现更加自由、富有创造性的设计方案。为了建立智能化的建筑设计系统,首先必须实现设计的参数化,进而利用算法对可行设计方案进行优化分析,从而获得最优设计结果。

首先,参数化设计可以为建筑设计提供快速的设计方案生成和修改能力,使得设计师可以更加方便地实现创新的设计思路。其次,建筑智能设计需要运用离散化方法、数据挖掘、优化理论、机器学习等多个数学理论,而这些数学理论本身也是参数化设计的核心内容,为建筑智能设计提供理论基础和技术手段。最后,启发式算法等优化算法可以在参数化设计中实现结构参数的优化,从而进一步实现建筑和结构智能设计的一体化和高效性。

通过建筑智能设计可以实现自动化的建模、优化,其关键环节可概括如下。

(1) 数据采集和处理

建筑智能设计需要依赖大量的数据来进行分析和预测,因此数据采集和处理是非常关键的一步。具体内容包括功能性描述参数、建筑结构参数、地理位置、环境气象数据等。

(2) 模型生成和优化

建筑智能设计需要自动生成参数化模型,并对可行设计方案进行分析和优化。这些模型包括建筑模型、结构模型、能耗模型、成本模型等。优化模型过程中需要考虑多种设计目标,包括美学性、功能性、安全性、适用性、经济性、舒适性等。

(3) 算法选择和应用

建筑智能设计需要借助各种算法来实现自动化建模和优化分析,如遗传算法、神经网络、支持向量机等。不同的算法适用于不同的问题和场景,需要根据具体情况进行选择。

(4) 结果输出和可视化

建筑智能设计的结果需要通过可视化的方式呈现出来,以便设计师和用户更好地理解和评价。包括建筑图、结构图、能耗分析报告、室内空气流动模拟等。

自 20 世纪 90 年代以来,随着计算机技术和建模软件的不断发展,建筑智能设计得到了快速的发展。现代计算机技术的应用可以实现更加复杂的建模操作,同时还可以进行更高效的优化和模拟计算,让建筑设计变得更加便捷和方便。越来越多的建设项目采用了建筑智能设计方法,成功地实现了创新性的建筑设计。例如,中国深圳的华为科技园、美国洛杉矶的 Petersen 汽车博物馆,以及荷兰阿姆斯特丹 Schiphol 机场 T2 航空楼等。这些实践案例的成功经验和创新性将进一步推动建筑智能设计的发展。

3.2 建筑方案智能设计

随着科技的不断发展,建筑设计领域迎来了前所未有的变革。建筑智能设计作为一种新的设计方法,以其高效、可持续和创新性的特点,逐渐成为建筑设计领域的重要趋势。建筑智能设计是一种利用计算机编程语言和建模软件生成建筑设计的方法。通过对建筑元素进行参数化控制和优化,实现自动化建模和优化,促进设计和施工过程的高效和精准。同时,它还能够提供更大的创造空间,让设计师更加专注于建筑结构的创新和美学。

3.2.1 建筑智能设计的特点

随着计算机技术和数字化制造技术的快速发展,智能设计已经成为建筑、工业产品以及艺术设计领域中的重要手段。智能设计可以通过数学模型和计算机程序来控制和优化设计对象,并且可以满足建筑本身复杂性和个性化的要求。然而,智能设计要素繁多,需要综合考虑对象特征、设计思维、建模方法、制造工艺等多领域、多学科的交叉因素。

1. 设计要素控制

智能设计需要定义必要的设计参数和组合规则,以便灵活地控制建筑或产品的形态、结构、材料等要素。通过对这些控制参数进行修改和优化,从而满足特定的设计需求,提高设计的效率和可行性。

2. 数字化建模和优化

智能建模方法可以实现建筑或产品的数字化建模和优化。设计师可以使用这些工具实时查看各种设计方案的效果,并根据实际需要进行修改和优化,由此缩短设计周期,同时还可以保证设计的精度和质量。设计控制参数可以分为以下种类。

(1) 功能参数:用于描述设计功能需求,如建筑空间、使用要求等。

(2) 美学参数:用于描述美学价值和视觉效果,如建筑造型、色彩等。

(3) 材料参数:用于描述材料属性,如材料力学性能、热工性能等。

(4) 工艺参数:用于描述建造工艺和加工方法,如施工工艺、生产设备等。

(5) 成本参数:用于描述设计与生产成本,如材料成本、人员成本、设备费用等。

(6) 环境参数:用于描述建筑与环境的关系,如环保性、耐用性、循环利用性等。

通过综合考虑上述参数的设计要求,从而在最大限度上获得满足客户和市场需求的结果。值得指出的是,并非所有设计对象都需要同时考虑上述全部设计参数,而是根据实际需要进行选择。

3. 设计思维和方法创新

智能设计催生新的设计思维和方法。设计师需要运用数学和计算机技术来分析和解决设计问题,同时需要善于创新、持续改进和协作合作。

4. 数字化制造

智能设计需要与数字化技术相结合,以实现建筑产品的智能化设计过程。通过数字化制造和智能建造技术,可以将智能设计结果转化为实际建筑构件或产品,从而提高生产效率和质量,促进可持续发展。

3.2.2 建筑设计找形方法

在建筑智能设计中,找形方法帮助设计师以一种高效、精确和创新的方式构建不同的建筑形态。其中,找形算法基于计算机程序实现,通过对一定的规则和参数进行控制和调整,从而生成不同的建筑形态。

1. 基于空间几何关系的找形

空间几何关系是建筑设计中的一个重要概念。基于空间几何关系的找形算法利用了建筑元素之间的位置、方向、距离等几何关系,通过控制和调整这些几何关系,生成不同的建筑形态。智能建筑设计方法可以帮助设计师更加便捷和高效地进行建筑形态探索和优化。

1) 基于空间几何关系的找形原理

基于空间几何关系的找形算法是基于建筑元素之间的位置、方向、距离等几何关系,通过数学算法描述几何参数之间的关系,利用计算机模拟来实现多样性的可行建筑方案形态探索和优化。在设计过程中,通常采用参数化建模软件来实现建筑模型的生成。

2) 基于空间几何关系的找形算法

基于空间几何关系的找形算法包括三个主要步骤：参数定义、模型生成和参数调节。在参数定义阶段，需要根据具体的项目需求，定义一定的几何参数（如建筑元素的位置、方向、大小、旋转角度等）；模型生成阶段，需要利用参数化建模软件进行三维建模，并利用已定义好的几何参数生成不同的建筑方案；参数调节阶段，设计师根据需求对建筑形态进行进一步优化和调整，如改变建筑元素之间的距离、方位、角度等。

3) 基于空间几何关系的找形应用案例

当前，基于空间几何关系的找形算法已经被广泛应用于各种建筑项目中，如美国麻省理工学院建筑系实验室、英国皇家舞蹈学院、我国龙岩市体育中心等（图 3-1）。其中，美国麻省理工学院建筑系实验室采用了基于空间几何关系的找形算法，成功地实现了一个精致而富有创意的建筑形态，如图 3-1(a)所示。该建筑利用了墙体和外立面之间的空间几何关系，通过调整墙体的倾斜、位置和厚度等参数，最终实现了一个悬浮、清新的建筑形态。

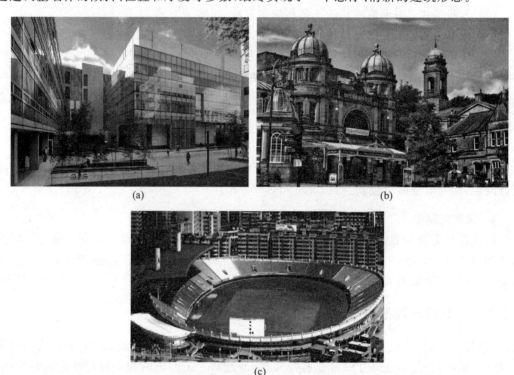

图 3-1　几何关系的找形应用案例
(a) 美国麻省理工学院建筑系实验室；(b) 英国皇家舞蹈学院；(c) 我国龙岩市体育中心

2. 基于模拟物理场作用的找形

基于模拟物理场作用的找形算法是建筑设计中的一种创新方法，通过模拟不同物理场的作用效果，探索出具有多样性和优越性能的建筑形态。

1) 基于物理场作用的找形原理

基于物理场作用的找形算法是利用计算机模拟物理场来进行建筑形态探索和优化。其中，物理场可以是各种力学、光学、声学等现象，如引力、电场、热场、声场等。通过计算机软件模拟这些物理场的作用，建筑元素可以发生变形、旋转、分裂等效果，从而生成具有超视觉形态和优越性能特征的建筑形态。

2）基于物理场作用的找形算法

基于物理场作用的找形算法包括四个主要步骤：场定义、模型生成、物理场作用和形态优化。场定义阶段，需要选择合适的物理场，并定义模型的边界条件和作用参数；模型生成阶段，需要利用计算机建模软件生成建筑模型，并为其定义必要的属性和参数；物理场作用阶段，需要通过计算机模拟物理场的作用，观察建筑元素的变形和运动情况；形态优化阶段，可以基于模拟结果对建筑形态进行进一步优化和调整，如改变建筑元素的位置、旋转角度、尺寸等。

3）基于物理场作用的找形应用案例

基于物理场作用的找形算法已经被广泛应用于各种大型标志性建筑项目中，如图书馆、博物馆、体育馆等。其中，代表性的案例是2010年上海世博会中国馆的设计，如图3-2所示。该建筑采用了基于物理场作用的找形方法，利用万有引力物理场的特性，实现了一个充满张力和动感的建筑形态。该建筑的设计从概念到完成历时多年，得到了全球建筑界的高度评价。

图3-2　上海世博会中国馆

3. 基于实验现象的找形

基于实验现象的找形算法是通过对各种自然现象进行实验模拟，探索出具有多样性和优越性能的建筑形态。

1）基于实验现象的找形原理

基于实验现象的找形算法是利用实验室设备对各种自然现象进行模拟实验，从而获取实验现象，并基于实验结果探索具有多样性和优越性能的建筑形态。例如，流体力学实验中，可以通过水槽、涡街流量计等设备模拟流体运动的效应，从而得到不同流速下的流体分布图像和流线等实验数据，据此进一步探索和优化建筑形态；光学实验中，可以利用激光测量仪器、光电传感器等设备模拟光的运动效应，从而得到不同光照条件下的亮度、色彩等实验数据，基于此探索和优化建筑外观设计。

2) 基于实验现象的找形算法

基于实验现象的找形算法包括三个主要步骤：实验设备选择、实验参数设置和实验结果分析。实验设备选择阶段，需要根据实验需求选择合适的实验设备，并根据具体项目需要设置实验参数；实验参数设置阶段，需要参考已有的理论知识进行实验条件的设置，并进行必要的测量和记录；实验结果分析阶段，需要对实验数据进行计算、分析和处理，并根据实验结果优化建筑形态。

3) 基于实验现象的找形应用案例

基于实验现象的找形方法也已应用于若干建筑项目，如美国明尼苏达州州立大学的Weisman艺术博物馆（图3-3）。该博物馆建筑设计主要参考了流体力学实验数据，通过实验模拟流体运动效应，得到了一个充满流线感和立体感的建筑形态。该建筑的外观设计依据流体运动轨迹设计，具有时尚感与动感，吸引了众多游客前来参观。

图 3-3　Weisman 艺术博物馆

4. 基于生物学原型的找形

基于生物学原型的找形算法是通过对自然生物界中生物体结构、功能和环境适应等特征进行分析，探索出具有多样性和优越性能的建筑形态。

1) 基于生物学原型的找形原理

基于生物学原型的找形算法是通过研究自然生物体的组成结构、功能和环境适应机理等生物学知识，并基于此构建仿生建筑形态。例如，通过对动物骨骼结构和肌肉组织的研究，可以从中获取诸如支撑力、张力、柔韧性等形成的机制，而后运用到建筑设计中；通过对植物叶片和根系的研究，可以获取诸如光合作用、光滑表面、水分吸收等特征的形成机理，可将其应用到建筑外观和环境适应能力方面。

2) 基于生物学原型的找形算法

基于生物学原型的找形算法包括三个主要步骤：生物体研究、特征提取和形态优化。生物体研究阶段，需要根据生物学知识对自然生物体进行研究，并抽象出其中的特征。特征提取阶段，需要将生物体特征进行提取和转化。例如，将肌肉组织和骨骼结构转化为建筑结构设计元素,将光合作用和水分吸收等特征转化为建筑外观和环境适应能力元素。形态优化阶段,可以基于特征提取结果进行进一步优化和调整,如改变建筑元素的成分组成、几何拓扑等。

3) 基于生物学原型的找形应用案例

基于生物学原型的找形算法的典型设计案例也有很多。例如,上海野生动物园大门的建筑外观设计参考了猛犸象的头骨形状,通过模拟猛犸象头部骨骼结构和肌肉组织,实现了一个充满力量感和稳定性的建筑形态。该建筑还运用了植物叶片和根系的特点,采用了反光玻璃和灰水处理等技术,体现了环境适应性和生态友好性。此外,瑞典的厄勒海峡大桥的设计灵感来源于鲸鱼。该桥的主梁采用了鲸鱼的圆形肌肉形状,具备良好的抗风性能。还有,北京市奥运会场馆莲花体育场的外观形态像一朵盛开的荷花,形象生动、美观大方。其设计灵感正是来自典雅、高贵的莲花。

这些基于生物学原型的找形应用案例(图 3-4)充分说明,借鉴自然生物特征对于建筑设计有着不可忽视的启示作用。

(a)　　　　　　　　　　　　　　　　(b)

图 3-4　基于生物学原型的找形应用案例
(a) 上海野生动物园大门;(b) 厄勒海峡大桥

5. 基于多代理系统的找形

多代理系统的找形算法是基于自主个体相互交互的模型,通过引入多个自主个体(代理),模拟生物之间的竞争、合作和适应能力等现象,从而得到具有多样性和复杂性的建筑形态和结构。

1) 多代理系统的找形原理

多代理系统的找形算法是通过引入多个自主个体(代理)并模拟它们之间的互动和适应能力。在多代理系统中,每个代理都有自己的特定属性和行为模式,它们之间通过相互作用产生了系统层次结构,如群体行为、自组织、演化等,从而形成了一种新的整体性质和行为。在建筑设计中,多代理系统可以模拟建筑材料、文化背景、气候环境等多种因素对建筑形态和结构的影响,从而创造出具有个性化和适应性的建筑。

2) 多代理系统的找形算法

多代理系统的找形算法包括三个主要步骤:代理设置、交互模拟和形态优化。代理设置阶段,需要对每个代理进行属性和行为规则的设置,如材料类型、适应环境、结构特征等;交互模拟阶段,需要将所有代理放入系统中,并通过交互模拟建筑空间中的物理过程,如重力、风力、温度等,以获得代理之间的相互影响和协作关系;形态优化阶段,可以基于交互模拟结果进行进一步优化和调整，如改变代理的数量、位置、相互作用方式等。

（1）代理设置阶段

代理是多代理系统中的基本组成元素，每个代理都具有自己的属性和行为规则。代理的属性包括代理类型、尺度、数量等，行为规则包括运动方式、相互作用方式等。在代理设置阶段，需要对每个代理进行具体的参数设置。

（2）交互模拟阶段

交互模拟是多代理系统中的重要环节，用以模拟代理之间的相互作用，以及代理与环境之间的交互。在交互模拟阶段，需要将代理放入系统中，并对系统的物理环境进行建模。例如，在建筑设计中，可以模拟重力、风力等自然环境，以及建筑材料和文化背景等对设计要素的影响。

（3）形态优化阶段

形态优化是多代理系统中的最后一步，通过它可以实现对代理的优化和调整，以得到最优建筑形态和结构。在此阶段，可以基于交互模拟结果，对代理数量、位置、相互作用方式等进行反复调整和优化。

元胞自动机（cellular automata，CA）是最基本的多代理系统，其中的空间与时间都是离散的。基本的 CA 包括晶格、相邻部分、细胞状态、转换规则等。晶格是 CA 所在的空间，其基本单元是一个个的细胞。每个细胞的相邻部分是其生存的环境。细胞则通过细胞状态进行区别，常用的状态为"死亡"和"生存"。转换规则是 CA 的核心，它通过检测细胞自身及其周围细胞的状态来决定该细胞未来的变化，从而控制整个 CA 的变化。每个细胞的变换规则都是有限的，但由诸多细胞所组成的 CA 却能够生成令人无法预料的图像，如图 3-5 所示。

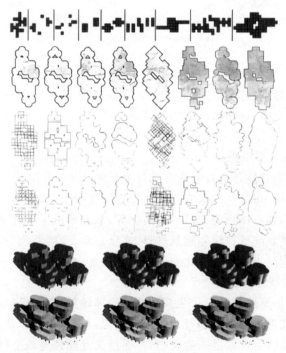

图 3-5　基于 CA 生成的建筑方案

多代理系统不仅限于 CA 一种，在"城市起居室"的设计中，不同的球体代表不同的活动。这些球体在场地红线和限高范围内相互吸引或排斥，逐渐稳定后形成了同类功能相对聚集的分布，最终借助 Voronoi 算法（泰森多边形算法，一种基于空间中若干指定位置的控制点进行空间划分的算法）进行空间的划分。

3) 多代理系统的找形应用案例

多代理系统的找形算法是一类新型设计理念和方法。典型的设计案例是西班牙阿尔巴塔斯城市规划项目。该项目通过引入多个自主个体（代理）并模拟它们之间的互动和适应能力，得到具有多样性和复杂性的城市规划形态和结构。该项目还考虑了文化背景、气候环境等多种因素对城市规划形态和结构的影响，创造出具有个性化和适应性的城市规划。

此外，在当今数字化时代，智能设计作为互动设计的一种形式，以其灵活性、高效性和可定制性而备受青睐。在智能建筑设计中，设计师将设计元素转化为参数，通过对这些参数的调整来实现设计方案的更新和优化。通过基于参数的互动设计模式，设计师可以更快的速度产生不同的设计方案，同时可以根据客户需求对方案进行即时调整和修改。此外，在制造和生产等方面也能够提高效率、节约成本。

特别地，建筑方案的变化必然导致结构方案调整，因此基于参数化的互动式智能设计技术可以高效地实现结构方案的调整，从而避免了传统设计过程中重复结构建模导致的工作量繁重和效率低下问题。

3.3 结构形状智能生成

结构形状智能生成是一种基于计算机技术和数学模型的设计方法，它可以快速、精确地生成符合设计要求的复杂结构形状。通过对设计参数进行调整和优化，结构形状智能生成不仅可以提高设计效率和质量，还可以实现更加创新和独特的设计方案。

在结构形状智能生成中，设计师需要明确结构的功能、要求和约束条件，并将其转化为数学模型和设计参数。通过对参数之间的相互作用和制约关系进行组织和管理，设计师可以实现对结构形状的全面控制和调整。同时，结构形状智能生成还可以与其他计算机辅助设计软件集成，实现多学科综合设计和优化。

以下介绍结构形状智能生成的相关概念、原理和应用，重点阐述参数化设计中的关键要素和技术，包括结构定义、参数关系、智能计算、参数嵌套和调节等方面。

3.3.1 结构找形目标

由于结构找形属于结构初步设计阶段，其内部的结构体系、材料和构件尺寸通常待定，因此相关结构设计规范中的条文尚未在此阶段作为明确的约束条件。结构找形更多的是为了寻找满足特定设计目标的形状方案。这些特定目标既可以是一种特定的受力平衡状态，也可以是某一性能设计指标的最小化或最大化，还可以是某些设计指标极致化的综合。工程实践中常用的性能目标包括以下内容，部分其他性能目标可隐含包括在建筑设计过程中。

1. 结构静力性能

在静力作用下，建筑结构的稳定性和承载力是设计的基本考虑因素。为了保证建筑物在静力作用下具有足够的稳定性和承载力，工程师通常采用结构智能找形方法来进行设计。

结构智能找形需要通过结构参数化设计技术来实现。结构参数化设计技术是一种基于计算机模拟和优化的设计方法,它通过建立数学模型,对结构的形态、材料、尺寸和连接方式等参数进行调整,以达到最优的设计目标。静力作用下找形的过程一般会考虑以下几个因素。

1) 建筑物形态

建筑物形态会直接影响其在静力作用下的稳定性。为了保证稳定性,工程师通常会通过结构参数化找形方法寻求最优的形态设计。例如,在大跨结构设计中,拱形或者弧形的结构通常比直线形结构更能满足静力荷载效应的需求。

2) 结构材料

结构的材料强度和刚度是决定其承载力和变形的关键因素之一。结构智能找形可以优化材料的选择和使用,使结构的强度和刚度得到最优的配置。

3) 结构尺寸

结构尺寸也是影响结构承载能力和变形的重要因素之一。通过结构智能找形,可以优化结构的尺寸,以达到最佳的设计效果。

4) 连接方式

结构的设计过程中,连接方式也是关键影响因素。合理的连接方式可以增加结构的承载力和变形能力。结构智能找形可以通过模拟不同的连接方式,选择最优的连接方式。

结构智能找形是一种非常重要的工程设计方法。它通过模拟和优化建筑物的形态、材料、尺寸和连接方式等参数,以达到最佳的设计目标,从而保证了建筑物在静力作用下具有良好的稳定性和承载能力。

2. 结构抗风性能

结构抗风性能是指建筑结构在强风等复杂气象环境下的维持安全和工作的性能。现代建筑物的高度和跨度越来越大,使得抗风性能成为一个重要的设计考虑因素,有时甚至成为结构设计的控制因素。对于超高层建筑、大跨结构、特殊复杂建筑等,抗风性能尤为重要。建筑物在风荷载作用下的响应与其外形密切相关,相同风环境下不同外形结构的风荷载特性和结构响应也大相径庭。

由于找形阶段建筑物的具体结构方案尚未确定,因此其自振周期无法准确分析,风荷载体型系数则成为评价结构形状抗风性能的主要指标。该指标描述了建筑物在平稳来流作用下的平均风压分布规律,主要与建筑物的体形、尺度以及地面粗糙度有关。对于具有重要结构及复杂外形的结构,其风荷载体型系数一般需要通过风洞试验确定。通过结构智能找形搜寻满足建筑设计外形要求的最优抗风性能形状方案,可以最小化结构整体体形系数,显著降低结构风荷载,从而获得更好的结构性能和经济效益。例如,上海中心通过其外形的旋转与收缩减小了建筑不同高度处的横风向气动力相关性,从而有效减小了结构的风荷载响应,如图3-6所示。

图 3-6　上海中心外形

此外,结构抗风性能还与结构动力特性密切相关,规范设计公式中通过风振系数考虑结构自振周期、阻尼比等因素对风荷载的影响。因此,还需要选择有利的结构体系,以便降低结构的风荷载、改善结构的抗风性能。

3. 结构抗震性能

历史上,地震导致的人员伤亡和财产损失触目惊心。在地震危险性高的地区建设工程项目,足够的建筑物抗震性能是保证人们生命财产安全的主要途径。结构智能找形是一种通过搜寻满足建筑设计等要求的结构布置形式,从而使得结构抗震性能最优的设计方法。

建筑物在地震作用下的响应与其体形及其质量、刚度分布密切相关,不同的结构形式对同一地震作用的响应也不同。常见高层建筑结构体系中,框架结构抗侧刚度较小,在地震作用下整体以剪切变形为主;剪力墙结构体系抗侧刚度较大,以整体弯曲变形为主,框架-剪力墙结构体系介于二者之间,变形特征取决于总框架和总剪力墙的刚度之比;框-筒结构体系可以提供很大的抗侧刚度,其中合理匹配总框架和核心筒的刚度可以获得良好的抗震性能;筒中筒及多筒结构体系空间协同工作效应显著,通过合理地组合单个筒体结构的高度和平面形状可以为复杂超高层建筑提供良好的抗震性能。

此外,还可以通过结构智能设计选择不同的结构防震策略进行找形优化。例如,抗震结构主要通过自身的变形来耗散地震输入的能量;而对于隔震结构,由于隔震支座将上部结构与基础隔离开来,使得结构体系的固有周期变长,且与地震波的卓越频率分离,隔震支座耗散大部分地震输入能量,从而减小了隔震建筑在地震荷载下的反应。基于不同防震策略、不同结构体系受力特点,通过参数化建模可以快速高效地生成不同种类的可行结构体形方案进行比选,从而获得既满足建筑外形要求,又具备良好抗震性能的结构体形方案。

3.3.2 实验找形法

实验找形法是最早的参数化找形算法。实验条件中的每一个具体参数取值对应一个生成结果。历史上,早在1675年Robert Hooke就发现了通过翻转悬吊方式来进行拱顶找形的方法,后来发展成为逆吊实验法。该方法是一种曲面自形成方法,也是一种基于静力平衡原理的零弯矩结构找形算法。其基本原理是利用柔性材料在荷载作用下只能承受拉力的特点,通过事先给定边界条件和荷载分布形式,获得在悬吊状态下的纯拉结构形状,再对模型进行固化、翻转操作,获得在相应荷载作用下的纯压结构形式。该方法特别适用于混凝土壳体结构的生成。该方法的不足之处在于,它只是一种验证整体稳定性的方式,未能考虑通风、采光等因素导致悬挂模型局部的改变,而局部改变又会影响全局的平衡状态,因此很难获得想要的最终构型。尽管如此,由于该方法通用性好,同时考虑了结构合理性和建筑美学,早期多应用于教堂、剧院、体育馆等的拱形屋顶设计。此外,Otto[30]在对帐篷式建筑进行研究过程中,通过肥皂泡试验总结出了"最小曲面"对帐篷式结构设计的重要性。该方法是把闭合的外框架浸入肥皂水中后再取出,使得皂泡水会在框内形成薄膜。膜的表面积总是最小的,并且各处的表面压力基本相同,是一种理想的膜结构形状。

实验找形法在结构设计领域有着广泛的应用。以下列举一些实验找形法在建筑结构设计中的应用案例:

(1) 香港大球场:香港大球场是一座标志性的建筑物,其采用了双层钢拱和支撑桁架结构。为保证大球场的抗震性能,结构设计师采用了实验找形法进行模拟试验和分析,最终确定了合适的结构形式。

（2）上海交通大学博物馆：上海交通大学博物馆采用了钢框架混凝土剪力墙结构和铝合金幕墙结构，为提高其抗震性能，结构设计师采用了实验找形法来优化结构形式和安装外加助力设备。

（3）深圳华侨城烟花汇：烟花汇是一座拥有世界最大气球幕布的建筑物，其采用了复杂的曲面结构。为保证其抗震性能，结构设计师采用了实验找形法来模拟地震荷载下的响应情况，并进行了多次试验和分析。

3.3.3 动态平衡法

动态平衡法是通过求解动力平衡方程，达到与静力平衡等效的稳定状态。动力松弛法是该类算法中应用最为广泛的一种算法。

动力松弛法是一种求解非线性系统平衡问题的数值方法，最早由 Day 和 Barnes[31] 将这一方法成功应用于索网及膜结构的找形。动力松弛法的优点是计算稳定性好，收敛速度快，而且在迭代过程中不需要形成结构的总体刚度矩阵，因此特别适用于大型结构的分析。

动力松弛法的基本原理是，在空间域和时间域将结构体系离散化。空间域将结构体系离散为单元和节点，并假定其质量集中于节点上。如果在节点上施加激振力，节点将产生振动，由于阻尼的存在，振动将逐步减弱，最终达到静力平衡。时域的离散化时，先将初始状态的节点速度和位移设置为零，在激振力作用下，节点开始自由振动（假定系统阻尼为零），跟踪体系的动能，当体系的动能达到极值时，将节点速度设置为零；结构在新的位置重新开始自由振动，直到不平衡力极小，达到新的平衡。动力松弛法控制方程的推导过程如下。

结构体系的总势能表达式：

$$\phi = C + V_p \tag{3-1}$$

式中，ϕ 为结构总势能；C 为结构弹性应变能；V_p 为外力势能。

当结构离散为网格后，式（3-1）可表示为式（3-2）所示的离散形式：

$$\phi = \sum U_m - \boldsymbol{F}^\mathrm{T} \boldsymbol{d} \tag{3-2}$$

式中，U_m 为第 m 个单元的弹性应变能；$\boldsymbol{F}$ 和 $\boldsymbol{d}$ 分别为结构的外荷载向量和节点位移向量。将总势能对节点位移求偏导数可得

$$\frac{\partial \phi}{\partial \boldsymbol{d}} = \sum \frac{\partial U_m}{\partial \boldsymbol{d}} - \boldsymbol{F} = \boldsymbol{K}\boldsymbol{d} - \boldsymbol{F} \tag{3-3}$$

式中，$\boldsymbol{K}$ 为结构的整体刚度矩阵。

由最小势能原理可知，当结构在外力下处于稳定平衡状态时，结构的总势能最小，即总势能对节点位移的梯度为零。

由式（3-3）可知，总势能对节点位移的梯度等于恢复力和外力的差。对于动力问题，考虑惯性力和阻尼力并结合动力平衡方程，可将式（3-3）写为

$$\frac{\partial \phi}{\partial \boldsymbol{d}} = -\boldsymbol{R} = \boldsymbol{M}\ddot{\boldsymbol{d}} + \boldsymbol{C}\dot{\boldsymbol{d}} \tag{3-4}$$

式中，$\boldsymbol{R}$ 为各个节点存在的不平衡力向量；$\boldsymbol{M}\ddot{\boldsymbol{d}}$ 与 $\boldsymbol{C}\dot{\boldsymbol{d}}$ 分别为运动过程中的惯性力和阻尼力向量。

结合差分法得到

$$\dot{d}_i^{t+\Delta t/2} = \left| \frac{\dfrac{m_i}{\Delta t} - \dfrac{c_i}{2}}{\dfrac{m_i}{\Delta t} + \dfrac{c_i}{2}} \right| \dot{d}_i^{t-\Delta t/2} + \frac{R_i^t}{\dfrac{m_i}{\Delta t} + \dfrac{c_i}{2}} \tag{3-5}$$

$$x_i^{t+\Delta t/2} = x_i^t + \dot{d}_i^{t+\Delta t/2} \Delta t \tag{3-6}$$

由于各节点的位移与速度在迭代时可以单独进行，因此不需要形成总体刚度矩阵。求得位移后，可计算出结构的内力还有各节点新的不平衡力，然后进入下一轮迭代直至结束。以下给出一个膜结构算例说明找形过程。

膜结构[32]平面尺寸为 10m×10m，划分为 128 个三角形单元，如图 3-7 所示。4 条直线边界为固定约束，经过找形得到初始形状，其曲面方程为 $z = \dfrac{x^2}{20} - \dfrac{y^2}{20}$。取膜材料 $E = 1000\text{MPa}, \mu = 0.4, t = 1\text{mm}$。

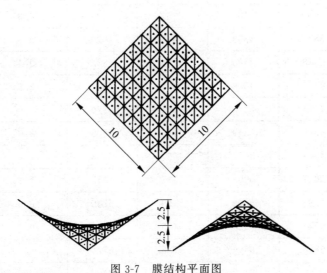

图 3-7 膜结构平面图

考虑膜面上作用均布荷载 0.1kN/m^2，以 2.5MPa 作为膜单元的均匀初应力，开始求解，得到满足平衡条件和边界条件的膜结构位移和应力，并计算其应变能；将应力结果对初应力进行修正，这时初应力将不再是均匀分布的。按修正了的初应力再进行计算，得到新的位移、应力分布和应变能。如此不断修正初应力、进行计算求解，可得到在所给定边界条件和荷载下具有最小应变能的膜曲面内初应力分布，此时的初应力分布及对应的初始形状是最优的。

表 3-1 列出膜面中心点两个方向的初应力、加荷后主应力、竖向位移和结构应变能。由表中数据可以看出，在均布竖向荷载不变的情况下，应变能逐渐减小的过程对应于中心点竖向位移逐渐减小，从刚度意义上理解说明结构越来越刚，当应变能为最小值时认为此时的初应力分布状态最优。而当继续修正初应力进行迭代计算时，应变能又将逐渐变大。

表 3-1 中心点结果

步骤	初应力/(kN/m²)		加荷后主应力/(kN/m²)		竖向位移/mm	应变能相对值
	σ_x	σ_y	σ_x	σ_y		
1	2500	2500	1982	3067	8.1	67.1
2	2599	2653	2105	3191	7.7	60.6
3	2704	2813	2236	3321	7.3	54.4
4	2816	2978	2372	3457	6.9	48.6
5	2935	3152	2516	3601	6.4	43.1
6	3061	3332	2667	3752	6.0	38.0
7	3194	3519	2826	3910	5.6	33.3
8	3335	3715	2992	4077	5.1	28.8
9	3485	3919	3167	4252	4.7	24.8
10	3643	4131	3351	4436	4.3	21.0
11	3811	4353	3545	4629	3.8	17.6
12	3988	4585	3748	4832	3.4	14.5
13	4175	4826	3961	5046	2.9	11.7
14	4373	5079	4185	5270	2.5	9.2
15	4583	5342	4420	5505	2.0	7.0
16	4804	5617	4667	5753	1.6	5.2
17	5037	5905	4927	6013	1.1	3.6
18	5283	6206	5199	6286	0.6	2.4
19	5543	6520	5485	6573	0.2	1.4
20	5818	6849	5785	6874	−0.3	0.7
21	6107	7192	6101	7190	−0.8	0.3
22	6412	7552	6432	7523	−1.2	0.1
23	6734	7928	6779	7872	−1.7	0.3
24	7072	8322	7144	8239	−2.2	0.7
25	7430	8733	7527	8625	−2.7	1.4

3.3.4 静力图解法

静力图解法[33]（graphic method of statics）是利用静力学作图方式找形的一种方法。该方法概念清楚，计算简便，故已在早期工程结构设计中应用广泛。

图解法把桁架各个杆件的内力通过图解分析，用画图的办法求解内力大小。其基本原理是根据平衡力系多边形封闭的性质，把结构所受的外力和所产生的内力，按照力沿杆件轴线传递的原则，绘制成一个封闭的力多边形。通过这个封闭的力多边形就能把外力、内力的大小和方向都完整地表达出来。这个方法是由马克斯·威尔所首创,故把这个封闭的力多边形内力图称为马克斯·威尔图。

静力法找形是指通过模拟结构在静态荷载下的应力与变形分布,得出合适的结构形式的过程。其实现方法主要有两种:弹性平衡法和静力平衡法。

静力平衡法是一种常用的方法。其原理是利用结构的几何关系和等效静力系统的概念,将荷载通过结构向下传递,直至荷载的反作用力平衡为止。根据静力平衡法的原理,可以得到结构在荷载下的内力分布。根据结构材料的强度特性,可以进一步得到结构受力状态的分布情况。

在静力法找形中,需要根据结构的受力情况,调整结构的几何形态,使得结构能够满足要求的荷载和强度要求。通过不断迭代优化结构形态,寻求最优解。图 3-8 是一个简单的静力法找形示意图:图解静力法对桁架结构内力求解的核心就是围绕节点的多个杆件的内力平衡,也就是内力矢量和为零。

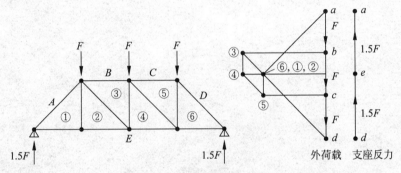

图 3-8 图解静力法把桁架几何图转换为轴力线图

在此介绍一种桁架图解静力法绘图程序——Graphic Statics[33]。Graphic Statics 是采用 Pascal 语言编写的一个基于桁架图解静力法求解桁架内力的小程序,采用 ETABS 软件对桁架进行建模,导入 Graphic Statics 桁架图解静力法程序中,程序自动计算桁架内力并绘制桁架对应的静力求解图,图解法的静力求解图对桁架结构的优化具有很好的工程意义。为了更好地进行优化,该程序可以实现实时修改节点坐标后得到更新的静力求解图,且能得到桁架的虚功总值,通过对比虚功总值可以得到桁架的形态是否优化。以下通过一个实例介绍这个程序的操作与建模。

(1) 打开 ETABS,进行桁架结构的建模,采用的二维立面是 X-Z 立面,建模完成后,对桁架结构进行三角面的蒙皮操作,如图 3-9 所示。模型中注意要施工节点约束。

(2) 在 ETABS 中,施加重力荷载,采用点荷载输入,荷载工况名字为 DEAD 恒载工况。然后建模完成,导出 S2K 文件,如图 3-10 所示。

(3) 打开 Graphic Statics 程序,单击按钮"Load Etabs S2k File",导入刚才 ETABS 生成的 S2K 文件,即导入桁架模型到程序当中。导入成功后,会出现在右图框内,如图 3-11 所示。

(4) 单击按钮"Run Graphic Analysis",程序自动计算桁架的构件内力并绘制图解静力法的图形,如图 3-12 所示。根据图解法(左图),每个节点代表桁架内的每个三角形,节点与节点的线,代表两个三角形共线的边的杆件的轴力(有正有负),内力之和等于外力之和,所以所有线的矢量合力为 0,也就是一个封闭的图形。

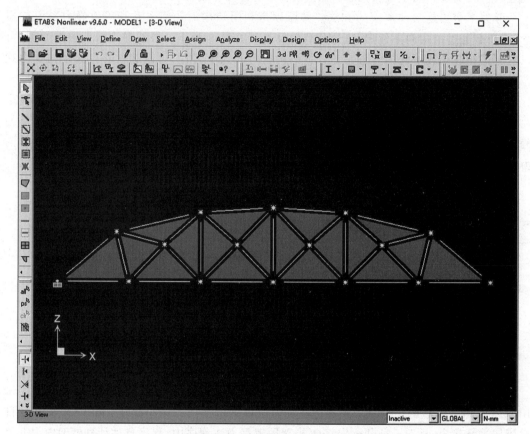

图 3-9　建立 ETABS 模型

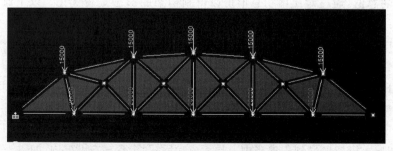

图 3-10　施加 DEAD 工况的节点荷载

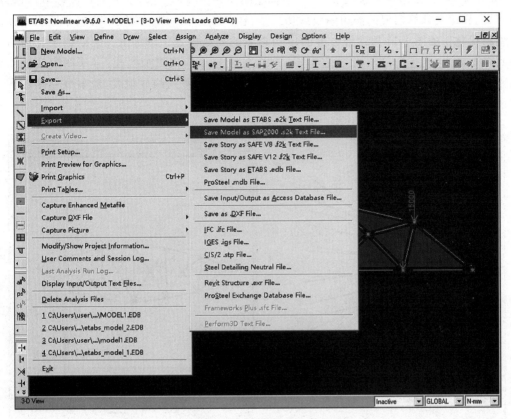

图 3-11 输出 S2K 文件

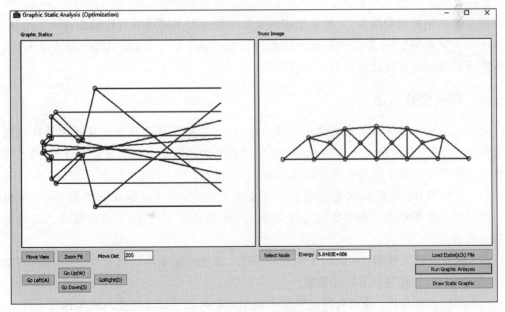

图 3-12 图解法的图与桁架布置图

（5）在图 3-12 中可以选取节点，采用键盘的 WSAD 四键可以上下左右偏移节点，每次偏移后，程序会计算桁架的静力图及虚功总值，在"Energy"的框中显示，值越小证明构件的布置越优化。如图 3-13 所示原方案的虚功总值的初始值是 5.8483E+006，如果移动节点得到以下图形，则虚功总值为 3.7547E+006，证明这个桁架更加优化。（从图解法的图来看，一开始的力线是一系列的平行线，优化后的力线是一系列的放射线，放射线越多图解法的图形就越扁，虚功总值就会越小。）

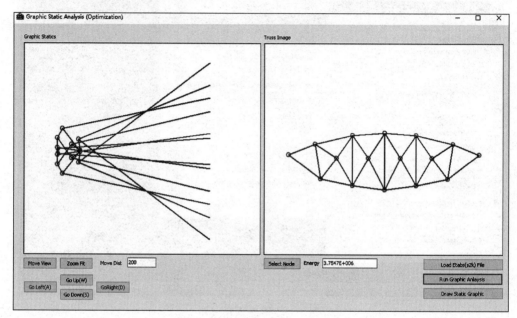

图 3-13　图解静力学方法的程序界面

由于高强钢材的应用推广，越来越多的桁架结构由原来的承载力控制变成刚度控制，如转换桁架及抗风桁架等，提高钢桁架的结构效能变得越来越重要，其中图解静力学方法、虚功原理及拓扑优化等优化方法被广泛使用。

3.3.5　有限元分析法

有限元分析法是一种常用的结构分析方法，也可以用于结构找形。其原理是将结构分割成多个小单元，利用单元之间的力学关系求解整个结构的受力状态和应力分布，从而得出最优的结构形态。有限元分析法在结构找形中的应用分为以下几个步骤。

（1）网格划分：将结构离散化成若干个小单元，并按照一定的规则组装，称为网格划分。网格划分需要根据结构所处的受力特征合理地选择单元，以尽量准确地描述结构的应力和变形情况。

（2）建立有限元模型：在确定了初始网格后，通过给定结构的材料特性、荷载、约束边界、求解方法等，即可建立有限元模型。

（3）结构响应分析：通过有限元模型求解结构在荷载情况下的受力状态和应力分布。

（4）迭代优化：通过对结构的迭代分析，不断优化结构形态，寻找最优的结构形态。

有限元分析法可以在结构设计的早期阶段快速、准确地预估结构的受力状态和应力分布，从而提供有助于寻找最优结构形态的信息，为结构设计提供有效的依据。与实验找形法相比，此方法可节约大量的人力和物力成本，在结构找形中具有重要的意义。常用的有限元分析法包括：支座位移法、高度调整法、NURBS-GM法等，以下重点介绍前两种方法。

1. 支座位移法

支座位移法是一种基于静力平衡原理的结构找形算法。其主要思想是通过不断调整支座的位置，使结构在荷载作用下满足平衡条件和约束条件，从而实现找到最优的结构形态的目的。支座位移法是由Argyris[34]等在1974年提出的一种已知预应力的张力结构找形方法，也被称为瞬时刚度法。

支座位移法的基本假设是结构的内力均匀分布，应力处于弹性状态。具体而言，该方法通过施加单位位移，在每个支座处求解倾斜角度，然后采用向量法对其进行受力分析。根据支座位移法的公式，计算出各个支座的平移量和旋转角度，并根据计算结果更新支座的位置，重复进行计算，直至结构不发生进一步变形，达到收敛状态。

基于支座位移的找形过程中，设计人员在开始设计时并不知道索内的预应力。当设计方案对支座位置有特定要求时，可使支座发生位移，此时支座位移所产生的力作为非平衡力参与迭代过程。如图3-14中的A、B、C、D 4个支座节点，在找形的过程中，支座位移每移动一次，就会产生新的非平衡力，相应的结构的整体构型也会发生更新，刚度矩阵也需进行更新以考虑大变形对结构刚度产生的影响。

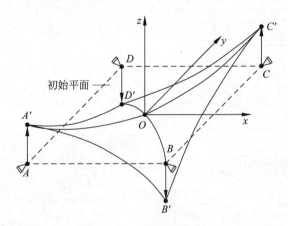

图3-14 支座位移示意

当迭代得到的内力并非设计预应力时，可对生成后的结构模型进行适当调整。Argyris等提出了一种调整方法，即基于真实结构与数值模型变形后单元长度相同的原则，在假设真实结构与数值模型的材料相同的前提下，结合真实结构的设计预应力，计算得到真实结构中索单元在无应力状态时的长度L_0：

$$L_0 = \frac{\overline{L}_0 + \Delta \overline{L}}{1+\varepsilon} = \frac{\overline{L}_0 + \Delta \overline{L}}{1+P_{\mathrm{Np}}/\mathrm{EA}} \tag{3-7}$$

式中，L_0为真实结构中索单元在无应力状态时的长度；$\overline{L}_0$为变形前的数值模型中的单元长度；$\Delta \overline{L}$为在数值模型中单元的变形长度；ε为所允许的轴向应变；P_{Np}为期望的预应力；EA 为索单元轴向刚度。

图 3-15 为上述长度的修正示意图。在求解 L_0 后，由于改变了数值模型中单元的长度，结构不再保持平衡，需要进行迭代，直至满足非平衡力的收敛条件。支座位移法的整个流程见图 3-16。

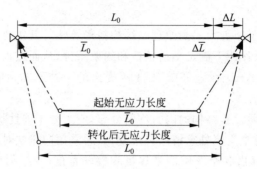

图 3-15 长度修正示意

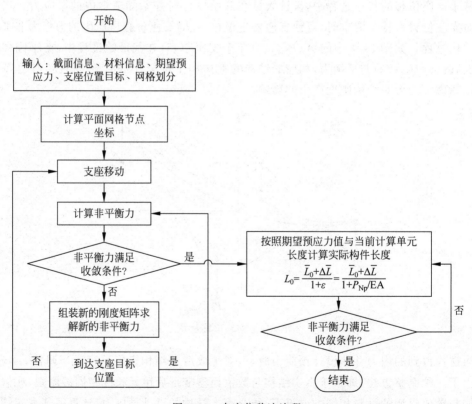

图 3-16 支座位移法流程

支座位移法结构找形作为一种基于静力平衡原理的结构设计方法，具有计算简便、效果明显、适用范围广泛等优点，在实际工程中得到了广泛应用。该方法的主要思想是通过调整支座的位置，使结构在荷载作用下满足平衡条件和约束条件，从而找到最优的结构形态。

然而,在使用支座位移法时需要注意支座初值的设定和迭代收敛的速度等问题,同时该方法也不适用于非线性和动态系统的设计与分析。同时,在结构找形分析过程中还应综合考虑经济性、安全性、可靠性和美观性等方面的因素,以实现结构设计和施工等其他因素的协调与平衡。

2. 高度调整法

1)高度调整法的原理及特点

高度调整法[35]也是一种基于静力平衡原理的结构找形方法。其主要思想是通过改变结构的高度和截面形状,在满足荷载和约束条件下使得结构应变能最小,结合各类优化算法可得最优的结构形态。该方法适用于各种类型的结构,如桁架、拱桥、塔楼等,并且具有较高的计算精度。具体实现过程中,可采用迭代求解的方法,通过不断地调整结构的高度和截面形状,使得结构的重量和内力达到平衡状态,从而得出最佳的结构形态。

高度调整法结构找形的优点是具有较高的计算精度和适用性,同时计算过程中所需的计算资源较少,能够实现较快的计算速度。但也存在一些缺点,如收敛速度可能较慢,需要进行多次迭代才能得到最终结果;同时,该方法对初值的选择敏感,需要经过多次试验和调整才能得到最佳结果。

结构的静力有限元平衡方程[35]为

$$\boldsymbol{Kd} = \boldsymbol{F} \tag{3-8}$$

式中,$\boldsymbol{K}$ 为曲面结构的总刚度矩阵;$\boldsymbol{d}$ 为结构的位移向量;$\boldsymbol{F}$ 为作用在结构上的荷载向量。

把结构划分成 m 个有限单元,节点总数为 n。结构的节点高度集合记为 z_i。假定结构节点高度的变化不影响结构的节点荷载 $\boldsymbol{F}$,两边取关于 i 节点高度 z_i 的微分,整理后可得

$$\frac{\partial \boldsymbol{d}}{\partial z_i} = -\boldsymbol{K}^{-1}\frac{\partial \boldsymbol{K}}{\partial z_i}\boldsymbol{d} \tag{3-9}$$

荷载作用下结构的势能可以表示为

$$C = \frac{1}{2}\boldsymbol{F}^{\mathrm{T}}\boldsymbol{d} \tag{3-10}$$

式(3-10)两边取关于 i 节点高度 z_i 的微分,并代入式(3-8),整理后可得

$$\frac{\partial C}{\partial z_i} = -\frac{1}{2}\boldsymbol{d}^{\mathrm{T}}\frac{\partial \boldsymbol{K}}{\partial z_i}\boldsymbol{d} \tag{3-11}$$

式中,刚度矩阵的微分是只与 i 节点相关的单元刚度有关。于是

$$\frac{\partial C}{\partial z_i} = -\frac{1}{2}\boldsymbol{d}^{(ij)\mathrm{T}}\frac{\partial \left(\sum\limits_{e}\boldsymbol{K}_c^{(i)}\right)}{\partial z_i}\boldsymbol{d}^{(ij)} \tag{3-12}$$

式中,$\boldsymbol{d}^{(ij)}$ 为 i 节点相关的单元节点向量;$\sum\limits_{e}\boldsymbol{K}_c^{(i)}$ 为 i 节点相关的单元刚度矩阵。

事实上,式(3-12)反映了应变能对节点坐标变化的敏感程度,定义为应变能的敏感度,常记为 α。

2) 高度调整法的主要步骤

(1) 给定初始构型；

(2) 采用有限元法计算各节点应变能的敏感度 α_i^k；

(3) 用 $z_i^{k+1}=z_i^k-\alpha_i^k \Delta z_i$ 调整曲面高度；

(4) 重复进行步骤(2)、(3)，直至满足设定的条件。

$$\text{设定的条件：}\begin{cases} |C^{k+1}-C^k| \to 0 \text{ 或 } \alpha_{max}^k \to 0 \\ \sigma_{max} \leqslant \sigma_0 \\ \delta_{max} \leqslant \delta_0 \end{cases} \quad (3\text{-}13)$$

3) 高度调整法在实际工程中的应用

高度调整法是从力学平衡原则出发，通过反复调整结构高度，使结构逐步演变成合理的结构形态的方法。利用高度调整法可以得出多样的自由曲面结构形态，在实际工程设计中利用此方法既可以实现建筑意图，也可以保证结构的合理性。它是一种同时考虑建筑与结构设计要求的智能设计方法。

实际工程设计中，首先确定整体分析各种要求，假定包括支座条件、空间需求等约束条件。然后利用高度调整法寻求最优结构形态。接着对自由曲面结构形态进行评价，如不满足建筑设计，应调整和修正空间需求与支座条件等设计变量，重新进行前述步骤；如满足要求则可进行详细设计。

空间需求、支座约束条件以及初始构型对最终结构形态的影响较大，调整这些设计变量可以得出多种结构形态。在实际工程设计中也可以从多种结果的比较中选择最佳结果。另外，在实际工程设计中对所得到的结构，应对其结构性能进行多方面的验证。如结构的稳定性、抗风性能、抗震性能、承受不均匀局部荷载(如积雪荷载、维修荷载)的性能等。必要时应加大尺寸或采取适当的措施局部修正结构的形状，保证结构的安全性。实际工程设计经验表明，采用该方法设计所得的自由曲面结构与传统的几何形状相比具有良好的性能。

例如，在西班牙巴塞罗那的东部海边城市布拉内斯(Blanes)市建造的西班牙布拉内斯国际会议展示馆的建筑模型图，如图 3-17 所示为结构表现图。该建筑覆盖长达 397.5m，最大宽度达 67.5m。屋顶找形采用高度调整法，下部大空间(展示厅 195.0m×45.0m×18.0m)利用改进进化论法设计的结构形态。由图 3-18 可以看出初始曲面形状比较扁平，随着优化的深入，通过微小的调整使凹凸更加具体化，图 3-19 显示出活动中心层面进化过程中平均位移的变化。两种结构形态创构方法所确定的结构体有机地结合在一起形成了具有良好建筑表现力和受力特性的整体。

图 3-17　西班牙布拉内斯国际会议展示馆的结构表现图

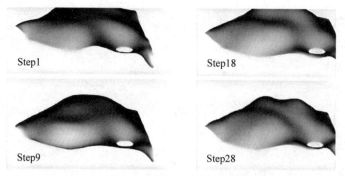

图 3-18 活动中心自由曲面结构形态的进化过程

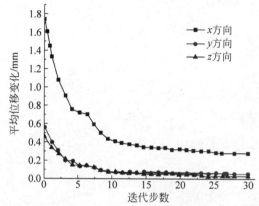

图 3-19 活动中心层面进化过程中平均位移的变化

总之，高度调整法结构找形是一种基于静力平衡原理的结构设计方法，对于各种类型的结构都适用，并且具有较高的计算精度和适用性。在实际应用中，需要综合考虑计算精度、收敛速度等因素，并进行多次试验和调整，以得到最佳的结构形态。

3.3.6 算例分析

1. 基于有限元的简支梁拓扑优化分析

考虑一个简支梁跨中受集中荷载作用的拓扑优化问题，如图 3-20 所示。梁截面长度为 60cm，高度为 20cm，预设体积分数为 0.5，罚参数为 0.5。优化结果见图 3-21，所用 Matlab 实现代码如下[36]。

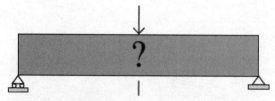

图 3-20 悬臂梁模型：自由端中点受单位集中力

图 3-21 拓扑优化结果

```matlab
function top99(nelx,nely,volfrac,penal,rmin) % %
% INITIALIZE
x(1:nely,1:nelx) = volfrac;
loop = 0;
change = 1.;
% START ITERATION
while change > 0.01
 loop = loop + 1;
 xold = x;
% FE-ANALYSIS
 [U] = FE(nelx,nely,x,penal);
% OBJECTIVE FUNCTION AND SENSITIVITY ANALYSIS
 [KE] = lk;
 c = 0.;
 for ely = 1:nely
  for elx = 1:nelx
   n1 = (nely+1)*(elx-1)+ely;
   n2 = (nely+1)*elx +ely;
   Ue = U([2*n1-1;2*n1; 2*n2-1;2*n2; 2*n2+1;2*n2+2; 2*n1+1;2*n1+2],1);
   c = c + x(ely,elx)^penal*Ue'*KE*Ue;
   dc(ely,elx) = -penal*x(ely,elx)^(penal-1)*Ue'*KE*Ue;
  end
 end
% FILTERING OF SENSITIVITIES
 [dc] = check(nelx,nely,rmin,x,dc);
% DESIGN UPDATE BY THE OPTIMALITY CRITERIA METHOD
 [x] = OC(nelx,nely,x,volfrac,dc);
% PRINT RESULTS
 change = max(max(abs(x-xold)));
 disp([' It.: ' sprintf('%4i',loop) ' Obj.: ' sprintf('%10.4f',c) ...
    ' Vol.: ' sprintf('%6.3f',sum(sum(x))/(nelx*nely)) ...
    ' ch.: ' sprintf('%6.3f',change )])
% PLOT DENSITIES
 colormap(gray); imagesc(-x); axis equal; axis tight; axis off;pause(1e-6);
end
%%%%%%%%%% OPTIMALITY CRITERIA UPDATE %%%%%%%%%%%%%%%%%%%%
function [xnew] = OC(nelx,nely,x,volfrac,dc)
l1 = 0; l2 = 100000; move = 0.2;
while (l2-l1 > 1e-4)
 lmid = 0.5*(l2+l1);
 xnew = max(0.001,max(x-move,min(1.,min(x+move,x.*sqrt(-dc./lmid)))));
 if sum(sum(xnew)) - volfrac*nelx*nely > 0
  l1 = lmid;
 else
  l2 = lmid;
 end
end
%%%%%%%%%% MESH-INDEPENDENCY FILTER %%%%%%%%%%%%%%%%%%%%
function [dcn] = check(nelx,nely,rmin,x,dc)
dcn = zeros(nely,nelx);
```

```matlab
for i = 1:nelx
  for j = 1:nely
    sum = 0.0;
    for k = max(i-floor(rmin),1):min(i+floor(rmin),nelx)
      for l = max(j-floor(rmin),1):min(j+floor(rmin),nely)
        fac = rmin-sqrt((i-k)^2+(j-l)^2);
        sum = sum+max(0,fac);
        dcn(j,i) = dcn(j,i) + max(0,fac)*x(l,k)*dc(l,k);
      end
    end
    dcn(j,i) = dcn(j,i)/(x(j,i)*sum);
  end
end
%%%%%%%%% FE-
function [U] = FE(nelx,nely,x,penal)
[KE] = lk;
K = sparse(2*(nelx+1)*(nely+1),2*(nelx+1)*(nely+1));
F = sparse(2*(nely+1)*(nelx+1),1); U = zeros(2*(nely+1)*(nelx+1),1);
for elx = 1:nelx
  for ely = 1:nely
    n1 = (nely+1)*(elx-1)+ely;
    n2 = (nely+1)*elx +ely;
    edof = [2*n1-1; 2*n1; 2*n2-1; 2*n2; 2*n2+1; 2*n2+2; 2*n1+1; 2*n1+2];
    K(edof,edof) = K(edof,edof) + x(ely,elx)^penal*KE;
  end
end
% DEFINE LOADS AND SUPPORTS (HALF MBB-BEAM)
F(2,1) = -1;
fixeddofs = union([1:2:2*(nely+1)],[2*(nelx+1)*(nely+1)]);
alldofs = [1:2*(nely+1)*(nelx+1)];
freedofs = setdiff(alldofs,fixeddofs);
% SOLVING
U(freedofs,:) = K(freedofs,freedofs) \ F(freedofs,:);
U(fixeddofs,:) = 0;
%%%%%%%%% ELEMENT STIFFNESSMATRIX %%%%%%%%%%%%%%%%%%%%%%
function [KE] = lk
E = 1.;
nu = 0.3;
k = [ 1/2-nu/6 1/8+nu/8 -1/4-nu/12 -1/8+3*nu/8 ...
    -1/4+nu/12 -1/8-nu/8 nu/6 1/8-3*nu/8];
KE = E/(1-nu^2)*[ k(1) k(2) k(3) k(4) k(5) k(6) k(7) k(8)
                  k(2) k(1) k(8) k(7) k(6) k(5) k(4) k(3)
                  k(3) k(8) k(1) k(6) k(7) k(4) k(5) k(2)
                  k(4) k(7) k(6) k(1) k(8) k(3) k(2) k(5)
                  k(5) k(6) k(7) k(8) k(1) k(2) k(3) k(4)
                  k(6) k(5) k(4) k(3) k(2) k(1) k(8) k(7)
                  k(7) k(4) k(5) k(2) k(3) k(8) k(1) k(6)
                  k(8) k(3) k(2) k(5) k(4) k(7) k(6) k(1)];
```

2. 基于 Ansys 的空间膜结构找形分析[37]

马鞍面索膜结构水平投影长宽均为 8。由于初始平衡状态是纯力学平衡问题,与所采用的材料无关,故常在计算过程中采用小弹性模量法,将目标节点提升到指定高度,用支座位移法进行初步找形,固定目标点并使其他点连动,得到结构的近似平衡形状。在此几何位形基础上更新节点坐标,释放预应力,重新设定索膜结构的真实材料参数和预应力,进行自平衡迭代求解。循环若干次,释放掉不平衡力,直至应力分布均匀度达到要求。膜的预应力通过温度模拟,具体尺寸、材料常数及参数取值详见命令流(图 3-22)。

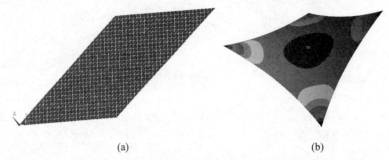

图 3-22 索膜结构初始布置(a)及找形结果(b)

```
FINISH
/CLEAR
/PREP7
! 定义单元与材料特性
ET,1,SHELL41
MP,EX,1,2.5e5          !膜的弹性模量(降低至 1/1000)
MP,PRXY,1,0.34         !泊松比
MP,ALPX,1,1.0          !热膨胀系数
KEYOPT,1,1,2           !在拉力状态下有刚度,压力状态下崩溃
ET,2,LINK10
MP,EX,2,1.5E8          !索的弹性模量(降低至 1/1000)
MP,PRXY,2,0.3
R,1,0.001              !膜的厚度
R,2,2E-4,0.99          !索的截面面积和虚拟初应变
BLC4,,,8,8             !通过矩形角上定位点生成面
! 矩形宽度 WIDTH,矩形高度 HEIGHT,矩形深度
MSHAPE,1               !指定单元形状,0 表示四边形,1 表示三角形(2D)
MSHKEY,1               !指定划分方式,0 表示自由网格,1 表示结构化网格,2 表示可能的情况下采用结构化网格
ESIZE,0.3              !在面的边界上指定网格尺寸
AATT,1,1,1             !为选定的面分配材料属性编号、实常数属性编号、单元类型编号
AMESH,ALL
LATT,2,2,2             !为选定的线分配材料属性编号、实常数属性编号、单元类型编号
LMESH,ALL
DK,ALL,ALL             !约束所有节点所有自由度
DK,1,UZ,4              !设置支座位移,定义高差 GC
DK,3,UZ,4
ASEL,ALL
BFA,ALL,TEMP,-(1-0.34)*2E6/(2.5E5*1.0)    !施加温度应力,按双向应力相等计算
! ======================== 初迭代 ======================== !
/SOLU
```

```
ANTYPE,0              !静力分析
NLGEOM,ON             !大变形
SSTIF,ON              !应力刚化
NSUBST,50             !当前荷载子步数为50
OUTRES,ALL,ALL
CNVTOL,F,,0.01        !指定力的收敛准则
LNSRCH,ON             !打开线性搜索
SOLVE
FINISH
/SOLU
UPCOORD,1             !更新节点坐标
FINISH
/PREP7                !还原真实材料性质
R,2,2E-4,36E3/(1.5E11*2E-4)
MP,EX,2,1.5E11
MP,EX,1,2.5E8
MP,ALPX,1,0.01
BFA,ALL,TEMP,-(1-0.34)*2E6/(2.5E8*0.01)     !修改膜的温度应力
/SOLU                 !在更新后的坐标以及真实本构下求解应力场
DK,ALL,ALL
FINISH
```

练习题

[3-1] 如图3-23所示悬臂轴结构,轴作用荷载$q=100\text{N/cm}$,扭矩$M=100\text{N}\cdot\text{m}$,周长不得小于8cm。材料的许用弯曲应力$[\sigma_w]=120\text{MPa}$,许用扭剪应力$[\tau]=80\text{MPa}$,许用挠度$[f]=0.01\text{cm}$,材料密度$\rho=7.8\times10^3\text{kg/m}$,弹性模量$E=2\times10^5\text{MPa}$。要求:设计销轴在满足上述条件的同时质量最轻。

[3-2] 由两根实心圆杆组成对称的两杆桁架,如图3-24所示,其顶点承受负荷载$2P=5\times10^5\text{N}$,两支座之间水平距离$2l=160\text{cm}$,杆的密度$\rho=7800\text{kg/m}^3$,弹性模量$E=2.1\times10^5\text{MPa}$,许用应力$\sigma_y=420\text{MPa}$。求在桁架压力不超过许用应力和失稳临界应力条件下,使桁架高度h及圆杆直径d最小。

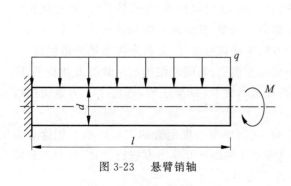

图3-23 悬臂销轴

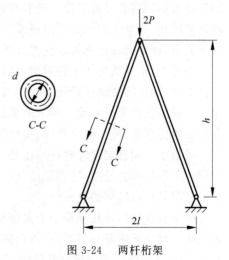

图3-24 两杆桁架

结构体系智能生成

结构体系智能生成是一种利用智能设计方法实现结构分析自动化建模和优化的技术，可以帮助工程师快速地生成各种形态和尺寸的复杂结构体系。该技术通过引入各种设计参数和约束条件，快速生成大量的结构形态，评估每个形态的性能并进行优化，以达到最优的设计效果。

随着数字化技术和人工智能技术的不断发展，参数化结构体系生成已成为建筑和结构设计领域的热门技术之一，并受到越来越多的关注。该技术旨在实现高效、精准、创新的自动化建模和优化，既能提高设计质量和效率，也能降低建设成本和周期。

本章将着重介绍结构体系智能生成的基础理论、方法和应用案例，探讨该技术在建筑结构设计领域的应用前景和挑战。

4.1 结构体系智能设计概述

结构体系是指建筑物、桥梁、工业设施等各类工程结构中负责承载的系统。结构体系通常包括基础、梁、柱、墙、楼盖、索杆、屋架等构件及其连接。结构体系的设计应综合考虑建筑功能、结构原理、施工方法、防灾减灾、使用环境等多方面因素。当前，结构体系主要依赖工程师的经验进行选择及布置，然后借助计算机技术建模、分析，如果所得结构设计结果不符合要求，则需要调整结构模型重新分析，直至最终设计结果满足设计要求。如此，不但结构体系和布置方案取决于工程师的设计水平，反复结构建模工作量繁重，还很难保证最终设计结果能够达到或者接近最优。随着计算机技术和智能理论的不断发展，结构设计理念逐渐转向智能化，其基本理念是利用机器学习算法学习既有设计理论和经验，并生成参数化可行方案集合，进而通过优化算法获得最优结构方案，最终输出数字化设计结果和建造方案。

事实上，不同结构体系将对房屋的安全性、适用性和耐久性产生不同的影响。在房屋结构体系设计时，需要选择设计参数（如柱跨比、开孔率、梁跨高比等）和设计目标，通过优化方法获得满足设计要求和使用需求的最优设计结果。当前，房屋建筑结构体系设计过程中，已有采用遗传算法、模拟退火算法、统计分析等方法来确定柱跨比、开孔率等参数的最优值。

混凝土结构框架设计时柱跨比是一个关键控制参数，影响着结构的承载能力和稳定性。在设计某高层办公楼时，应用遗传算法对柱跨比进行优化，结果表明，选定1.2为最优柱跨比可以明显提高结构的稳定性。

钢结构设计时开孔率是一个关键控制参数，它指单位长度钢管的空洞面积与钢管总面积之比。设计某机场屋架时，应用模拟退火算法对不同的开孔率方案进行优化，得到的最优解为5%，从而降低了建筑材料的使用量，节约了成本。

随着先进技术的发展和建筑行业转型升级的需求,结构设计也在不断创新和发展。目前,越来越多的参数化设计和智能建造技术被引入结构体系的设计和制造中,使得结构体系的设计和建造更加高效、精准、创新,同时也更具可持续性。

4.2 结构体系生成目标

智能结构设计过程中,采用参数化技术建立了可行结构模型集合后,需要采用优化方法搜寻其中的最优设计结果。因此,需要设定与结构体系生成目标一致的优化设计目标函数,从而应用各类优化算法进行最优设计。结构体系生成目标需要综合考虑多种因素,具体可以归纳为建筑设计目标、结构效率目标、施工成本目标。

4.2.1 建筑设计目标

建筑设计涉及功能、形式、经济、技术和可持续性等多个方面,需要采用合适结构形式来实现,以达到最佳设计效果。反之,结构设计过程中也必须满足建筑设计的各种需求。因此,结构智能设计过程中,结构体系的生成目标必须体现所有建筑设计的需求,具体可分为以下内容。

(1) 功能性:功能性是建筑设计最为基础的要求之一,即建筑物应该满足预定的功能需求。因此,在进行结构智能设计时,建筑物的功能特征必须被充分考虑。共性的功能需求包括采光、通风、保温、隔音、节能、交通组织等。例如,对于办公建筑,结构体系选择和结构布置时就必须考虑到建筑空间对大量办公家具和设备以及高频人员活动等功能性要求;对于住宅建筑,则更需要关注生活起居的安全与舒适性,结合房间的不同功能特征(如卧室、客厅、卫生间等)来确定结构布置的形式和参数。

(2) 形式美学性:建筑的外观和内部空间布局在很大程度上影响着居住者和使用者的舒适度和愉悦感,因此建筑物的形式美学性是建筑设计的主要目标。一方面,结构智能设计结果必须充分考虑到建筑物的形态和外观,以便满足美学和视觉需求。另一方面,建筑设计目标也应尽量有利于结构方案布置,实现建筑和结构设计的和谐统一。例如,流线型的外形既可以提供新颖的建筑造型,也有利于改善结构的抗风性能。

(3) 经济性:经济性也是建筑设计中不可缺少的约束性目标,包括建筑成本、维护成本和运营成本等因素。结构智能设计时,建筑材料、构造成本、建设工期、维护成本、节能减排等因素都必须被综合考虑,以确保设计方案能够在预算范围内得以实现。

4.2.2 结构效率目标

结构效率指的是给定荷载、边界条件等条件下结构传力过程中材料的使用效率,可采用应变能等指标来衡量。以结构效率为参数化结构生成目标,能够通过参数化的方式实现结构形态、尺寸等参数的自动化生成,并为室内空间的合理分配提供更多选择,从而达到高效、精准、可控的设计目标。同时,以结构效率为结构生成目标,能够准确地计算出结构材料的使用量和造价,方便多方案比较和决策。以下介绍工程设计常用的结构效率指标。

1. 结构造价

结构造价是工程项目总成本的重要组成部分。以结构材料造价为参数化结构生成目标,具有高效性、精准性、可控性、经济性等特点。参数化结构设计可以通过计算机程序自动生成结构形态和尺寸,节省了大量的设计时间和人力成本,提高了设计效率。参数化结构设计利用数学模型和计算机程序对结构材料使用量和造价进行计算,能够达到精确的设计效果。参数化结构设计可以通过调整参数的数值范围,精确控制结构的材料使用量和造价,从而满足不同需求的设计要求。以结构材料造价为参数化结构生成目标,可以优化结构形态和尺寸,避免过度浪费,从而降低建筑工程的成本。

以结构材料造价为结构智能设计目标主要包括两个方面:一是建立合理的参数化结构模型;二是利用优化算法进行寻优。

1)建立合理的参数化模型

参数化模型是参数化结构生成的基础,需要建立合理的参数化模型,与结构材料和工艺相一致,并使参数化模型具有可操作性、可扩展性和可重复性。在建立参数化模型时,需要考虑构件尺寸、支承条件等因素,以及材料特性、成本、可行性等因素,从而实现用料最小化、造价最优化的目标。

2)利用优化算法进行寻优

在建立了合理的参数化模型后,就需要利用优化算法进行寻优。常见的优化算法包括遗传算法、蚁群算法、粒子群算法等。通过这些算法对参数化模型进行数学计算和模拟分析,可以不断调整结构参数,从而找到能够实现最佳材料使用量和造价的设计方案。

以结构材料造价为参数化结构生成目标,具有广泛的应用价值。一方面,它可以实现结构尺寸的自动化设计,降低设计难度,提高设计效率;另一方面,通过优化结构材料使用量和造价,可以减少浪费,降低工程成本,从而达到经济性和环保性的双重效益。此外,参数化结构设计可以提高结构的可靠性和安全性,加强结构的抗震能力和承载能力,从而满足不同的建筑需求,并为室内空间的合理分配提供更多可能。以结构材料造价为参数化结构生成目标,将会是未来建筑设计领域的重要发展方向之一。随着人们对建筑设计效率的不断追求和技术的日新月异,参数化结构设计将会越来越普及和成熟。同时,随着更多的优化算法和数学方法得到应用和推广,结构优化的理论和方法也在不断地完善和发展。可以预见,在未来的建筑设计领域,以结构材料造价为参数化结构生成目标所带来的社会效益和经济效益将会更加显著。

2. 结构静力性能

在参数化形状生成中,结构刚度[38]是用来衡量结构静力性能的主要指标之一。该指标同样可用于生成结构体系的评价。如何利用给定的材料体积或材料造价实现结构刚度最大化是采用该指标进行评价的核心思想。许多学者采用顶点位移作为整体侧向刚度的衡量指标。Taranath 提出了抗弯刚度指标和抗剪刚度指标的概念,用于衡量高层建筑结构抗弯刚度和抗剪刚度的相对大小。

除控制节点位移外,结构应变能也是一项常用的整体刚度指标。为简单起见,后续推导过程以桁架结构为例。

应变能可以表达为应变能密度对体积的积分:

$$C = \int c \, dv = \int \frac{1}{2} \sigma \varepsilon \, dv = \int \frac{\sigma^2}{2E} dv \tag{4-1}$$

式中,C 为结构的总应变能;c 为应变能密度;σ 为应力;v 为体积微元;ε 为应变;E 为弹性模量。

由式(4-1)可见,当应力一定时,结构应变能越小,结构所用的材料体积就越小。再结合静力学中结构应变能与外力功之间的相等关系,就可以得出如下结论:当应力保持常数时,结构应变能越小,结构刚度越大则材料体积越小。换句话说,以尽可能少的材料换取尽可能大的结构刚度;当材料体积一定时,结构应变能越小,结构在外荷载下发生的变形越小,结构刚度越大,同时结构的应力水平越低,材料的利用率也就越低。当以应变能作为结构效率的目标时,一般将结构材料的体积作为约束条件,使得最终的优化结果具有相同的材料体积值,从而对结构体系的传力效率进行判断。

以图 4-1 所示索桁预应力穹顶为例进行分析。结构基本参数为:平面直径 60cm,内环桁架直径 5m,厚度 2m,结构矢高 12m,各圈环索由外至内预应力值分别为 610kN、200kN、300kN,斜索预应力为 10kN,周边约束采用柱支,结构承受 2kN/m^2 均布竖向荷载,环向桁架、径向桁架和内环的上下弦采用梁单元杆件,杆件截面为 ϕ168mm×6mm,其余外环的上下弦和腹杆为杆单元,杆件截面分别为 ϕ159mm×6mm 和 ϕ89mm×4mm。

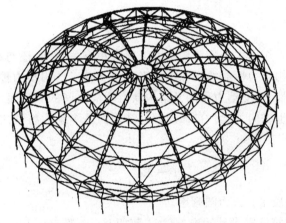

图 4-1 索桁预应力穹顶结构透视

比较图 4-2 和图 4-3 可以看出,矢高的变化作为主要受力杆件的径向桁架上弦杆件轴力变化规律相同,轴力最大值位置没有改变,其中与外环连接的上弦杆件轴力变化较大,矢高的变化对轴力改变较大,轴力并不是随矢高的增大而一直增大,而是先增大再减小接着再增大。当矢高从 12m 增到 14m 时其轴力降低了将近 30%。由此可见矢高的选取对上弦轴力的影响较大,而对桁架下弦各杆件轴力变化不明显,杆件轴力的变化趋势基本也一致。很难看出矢高变化中何时下弦各杆件轴力相对较小。在图 4-4

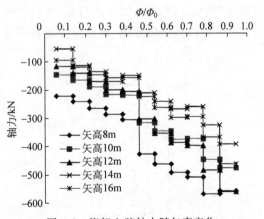

图 4-2 桁架上弦轴力随矢高变化

中随矢高的变化下弦节点竖向位移变化相当明显,可以看出,矢高的增大能有效减少节点竖向位移;但矢高超过一定值时,位移又会增大。因此在索桁预应力穹顶结构中,有一个最优的矢跨比,使其具有最大的竖向刚度。

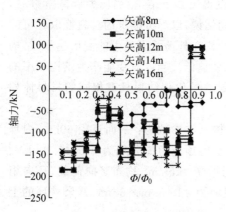

图 4-3　桁架下弦轴力随矢高变化

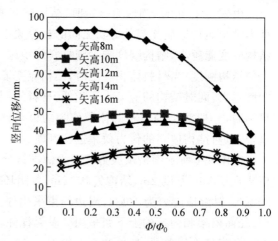

图 4-4　下弦节点竖向位移随矢高变化

3. 结构动力性能

结构所受到的动力作用大小除与作用力强度大小有关之外，还与结构自身的动力特性相关。前文中体现结构静力性能的指标不能直接用于基于结构动力性能的体系生成算法。建立结构基本动力特性、所受动力作用及结构动力响应之间的关系是实现基于结构动力性能的参数化结构体系生成的关键。自振周期是结构的基本动力特性之一，单自由度体系的周期计算公式为

$$T = 2\pi\sqrt{\frac{m}{k}} \tag{4-2}$$

式中，k 为刚度；m 为质量；T 为圆频率。

图 4-5 为我国《建筑抗震设计标准》(2024 年版)(GB/T 50011—2010)所规定的地震影响系数曲线。该曲线反映了等效地震作用与结构自振周期之间的相对关系。结构体系智能生成过程中以结构动力特性为目标，使得生成方案的自振周期远离地震反应谱的卓越周期，可以有效地降低地震作用，从而减少材料用量，节约工程造价。

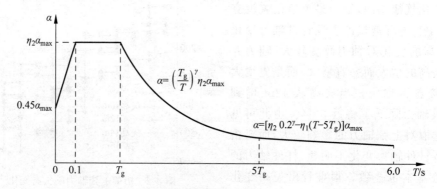

图 4-5　地震影响系数曲线

α——地震影响系数；T——结构自振周期；T_g——场地特征周期；γ——曲线下降段衰减指数；η_1，η_2——阻尼调整系数；α_{max}——地震影响系数最大值

此外，对于直接承受动力设备的结构体系，要特别注意结构的基本周期，避开设备的工作频率。例如，风力发电塔的结构频率需要避开叶片的转动频率和传递频率；汽轮机座的基本频率需要避开汽轮机叶片的转动频率。

4.2.3 施工成本

施工成本也是工程造价中主要组成部分之一，同时施工方案的技术可行性还是工程建设顺利进行的基本保证，通过降低施工成本，可以提高项目的经济效益和竞争力。

施工成本的主要组成因素包括人工成本、材料成本、机械设备成本、管理费用成本和税收成本等。在方案选择和结构布置时需要充分考虑建筑材料和施工方式的因素，以降低总体成本。相比传统设计模式，结构智能设计可以快速生成多种设计方案，从中筛选出最优方案；可以对施工成本等因素进行模拟和优化，以获得更好的经济效益；可实现自动化生产和数字化管理，提高工作效率和质量。

智能设计中施工成本的优化方法有基于CAD的虚拟设计技术和基于有限元分析的结构力学模拟技术。基于CAD的虚拟设计技术是当前应用最广泛的一种技术。该技术利用CAD软件的三维建模能力，把设计方案抽象成为一系列宏定义或参数形式，并对其进行组合，从而快速生成不同的设计方案。该技术还能够模拟施工成本，从而帮助设计师根据成本优化方案。

基于有限元分析的结构力学模拟技术主要通过有限元分析软件对施工过程中不同阶段的结构受力和设备安全进行模拟分析，从而不断优化施工方案，降低施工成本。该技术不仅可以优化施工方案，还可以校核和提高施工过程的可靠性和安全性。

4.3 结构体系生成约束条件

结构智能设计过程中，设定了生成目标（优化目标函数），还需要设定结构体系生成过程中需要满足的约束条件（约束方程）。约束条件包括结构应满足的力学平衡条件、建筑功能需求、施工方案要求、规范规程相关规定等。如平衡方程、最大跨度、最大变形以及满足特定使用功能等。其中，最为突出的问题就是如何将结构方案与功能、受力性能和经济性合理地协调起来。为了实现这一目标，就必须设置合理的约束条件。

实践中，如何正确地设置结构体系生成的约束条件至关重要。只有在合理的约束条件协调下，才能够设计出满足各类约束要求的最优结构方案，实现智能设计和建造。以下分别从结构安全性、适用性和耐久性等方面进行说明。

4.3.1 结构安全性能

结构安全性能生成约束条件是工程设计中最重要的因素，它保证结构在正常使用和规定的极限荷载作用下具有足够的安全性，包括不同荷载组合条件下的强度、稳定性、疲劳等问题。不同工程项目所处的建设场地各异、功能需求不同，各种设计条件如使用荷载、风力、地震、海浪、爆炸等对建筑物安全的影响程度不同。因此，在结构体系生成的过程中，需要根据建筑所处的环境和使用要求等因素来依据规范选择设计工况，并制定相应的约束条件。

结构安全性能约束条件通常以结构分析模型、机器学习模型、计算公式、规范条文规定等形式，表示为结构智能设计的约束函数，结合目标函数和优化算法形成完整的智能设计描述问题。结构智能设计过程中务必确保安全性约束条件的正确描述,才能最终获得合理的设计结果。

1. 强度约束条件

强度约束条件是基于结构构件或材料的强度性能和相关设计规范规定确定的,通常包括抗压强度设计值、抗拉强度设计值、抗剪强度设计值、抗扭强度设计值等。

结构强度约束条件是结构设计的基本要求,通常以材料或者构件的应力或内力组合设计值不超过强度设计值作为约束条件。

2. 稳定性约束条件

稳定性约束条件涉及结构在受力作用下的整体稳定性和局部稳定性,如弯曲失稳临界荷载、扭转失稳临界荷载、弯扭失稳临界荷载、局部失稳荷载等。结构整体稳定性约束条件是结构设计中至关重要的要求。这些约束条件通常包括基础稳定性、上部结构稳定性、构件节点连接可靠性等方面。

基础支撑着整个建筑结构,其稳定性直接影响建筑物的整体稳定性。制定约束条件时,通常以验算基础的承载能力及其他稳定性条件予以考虑,如抗液化验算等。

上部结构稳定性与所承受的荷载和建筑物的使用功能有关,还与可能遭受的灾害性环境机理密切相关,如地震、台风等。整体稳定性约束条件可以通过限制建筑高度、高宽比、弹性及弹塑性层间侧移角、楼层最小剪力、地震剪力及屈曲分析有限元模型等加以考虑。

构件节点连接方式直接影响整个结构体系的稳定性,必须全面地考虑到不同构件之间的连接性能和相互作用,根据具体情况采取合适的构造方式。可以通过连接构造措施规定、节点滞回模型等来反映约束条件。

局部稳定性约束条件则主要通过验算构件的高厚比、宽厚比等设计条件实现,同时辅助以相应的构造措施规定。

此外,对于布置有两个及两个以上抗侧力体系的高层建筑结构体系,还可以通过优化各个抗侧力体系之间的刚度比提高协同工作性能,从而实现多道设防的设计目标,有效提高结构的整体稳定性和延性。

3. 疲劳约束条件

疲劳约束条件主要是防止结构或材料在重复荷载作用下发生低于单调荷载强度值而突然破坏的情况。通常基于结构材料的疲劳寿命数据和相关设计规范,采用限制结构在给定循环次数下的应力幅值或疲劳损伤指标不超过阈值的方法来作为约束条件。

4.3.2 结构正常使用性能

结构的使用功能也是生成约束条件的重要考虑因素之一。不同类型的建筑物或构筑物有着不同的使用要求,如住宅建筑、商业建筑、体育馆、演艺厅、工业厂房等。因此,在生成约束条件时需要充分考虑结构的使用功能,根据不同需求确定相应的约束条件,如振动限制、变形限制、声学性能、采光性能、疏散要求、舒适性等。

根据结构使用功能需求生成约束条件时,可以将结构特征与所需的功能性能联系起来,产生一系列约束条件,从而更好地优化系统的性能。结构特征包括结构的几何形状、材料属性和边界条件等信息;而功能性能则指系统在特定操作条件下所表现出的功能特征,如上述振动限制、变形限制、声学性能、采光性能、疏散要求、舒适性等。根据结构使用功能生成约束条件的基本思路在于将二者联系起来，通过系统的结构特征来限制其功能性能，或者通过功能性能要求来指导结构设计。事实上，定量地建立结构使用功能和约束条件的物理关系通常比较困难或者过于复杂，因此采用机器学习的方法实现结构与功能之间的映射是一个具有光明前景的方向。常用的结构使用性能生成约束条件的方法包括结构-功能映射、功能性能驱动设计、多物理场耦合建模等。

结构-功能映射将系统的结构特征映射到其功能性能上，建立结构与功能之间的关联，从而确定系统设计的约束条件。例如，基于对框架结构体系、剪力墙结构体系、框架-剪力墙结构体系、框筒结构体系、筒体结构等布置特点和受力特征的认识，可以针对不同的功能性使用要求选择合适的结构体系，并据此确定主要设计参数的约束条件。对于教学楼、商场等需要大空间的结构，可以优先考虑框架结构；而对于住宅、宾馆等功能需求各异、空间分隔复杂的结构，可以优选剪力墙结构体系、框架-剪力墙结构体系。

功能性能驱动设计则首先确定系统所需的功能性指标，然后根据这些指标去约束系统的结构设计。例如，工业厂房的设计，需要根据生产工艺的各种功能性需求确定结构高度、跨度、柱距等约束条件。

多物理场耦合建模将结构和功能性能的多个物理场耦合起来进行建模，可以更完整、准确地描述系统的行为，并据此生成更精确的约束条件。例如，在建筑结构碰撞安全性设计中，通过结构-声学-热耦合建模，可以同时考虑建筑结构的强度、噪声减振性能和冲击吸收能力，从而更全面地约束设计参数。

4.3.3 结构耐久性能

根据结构使用寿命生成约束条件是一种在工程设计和优化过程中重要的确定系统设计约束条件的方法。通过将结构特征与设计使用年限联系起来，从而产生一系列约束条件，有助于更好地优化结构的耐久性和可靠性。

结构的使用寿命是一个重要的设计因素，通常采用设计使用年限加以考虑。规范中根据结构的重要性规定了不同的设计使用年限取值，也可以根据业主的需求确定目标使用年限值。结构的实际使用寿命取决于多个因素，包括材料性能、受力特征、环境条件、维护策略等，通过适当的方法生成结构智能设计的耐久性约束条件，可以保证结构设计结果具有足够的可靠性和耐久性。工程设计过程中，根据结构服役环境的不同，将最小材料标号或牌号、最小保护层厚度、防腐措施等规范规定转变为相应的约束条件。

材料选择与设计优化是生成约束条件的主要影响因素。根据结构的使用要求和环境条件，需要选择具有良好耐久性能的材料，并考虑材料的力学性能、成本以及加工和制造的可行性等因素。同时，在设计优化过程中，可以通过调整结构形状、减小应力集中等方式来提高结构的耐久性能。

环境条件是影响结构使用寿命的另一个主要因素。例如，腐蚀、温度变化、湿度等都会对结构的材料长期性能产生影响。因此，在根据结构耐久性能生成约束条件时，需要考虑到所处环境条件的影响，并相应地调整设计参数。例如，采用耐腐蚀材料、加强防护措施等来提高结构的耐久性。

维护与修复措施是保证结构持久性的重要手段之一。通过定期检查、保养和维修等方式,可以及时发现和处理结构的损伤和缺陷,延长结构的使用寿命。维护与修复措施还包括防腐涂层、防水处理、加固补强等,以提高结构的耐久性。在生成约束条件时,需要考虑维护与修复措施的效果和可行性,并做出相应的规定。

结构智能设计过程中根据设计使用年限生成约束条件时,需要统筹考虑安全性、适用性、耐久性等多种因素的影响,通过综合分析和优化方法来确定设计参数的约束条件,以便获得多种因素综合作用下的最优设计结果。

4.4 结构体系生成求解算法

结构体系生成算法是实现结构智能设计的关键技术之一,对于提高建筑物安全性、减少材料用量、降低建造成本具有非常重要的作用。相比传统的人工设计方法,结构体系智能生成算法通过计算机仿真技术和智能算法实现参数化自动建模,进而快速、高效地实现结构优化设计。

随着计算机技术和人工智能算法的不断发展,结构体系优化的生成算法也在不断升级和完善。例如,传统上基于遗传算法、粒子群算法、人工神经网络等优化算法的研究取得了显著的成果,已经为实际建筑结构设计提供更多的可行方案和优化方案。同时,随着大数据和人工智能技术的迅猛发展,基于深度学习、强化学习等算法的结构智能设计方法也方兴未艾,必将成为未来的发展趋势。以下介绍基于单元参数的结构体系生成算法和基于模块参数的结构体系生成算法。

4.4.1 基于单元参数的结构体系生成算法

结构体系的优化设计有助于实现建筑物质量、效率和经济性的最佳平衡。而基于单元参数的体系优化生成则是指在结构设计过程中,通过对结构体系组成单元的参数化建模和优化,从而实现整体结构的优化设计。

随着计算机技术和智能算法的发展,基于单元参数的生成算法得以快速、准确地帮助设计人员实现结构体系的自动化建模,生成可行的设计方案集,结合结构优化设计目标和约束条件及优化算法实现最优化结构设计。

1. 变密度法

变密度法[39]假定单元的密度和材料物理属性(如强度、弹性模量)之间存在某种对应关系,且可以连续变量的密度函数形式显式地表达这种对应关系,适用于连续结构拓扑优化分析。变密度法基于各向同性材料,以每个单元的相对密度作为设计变量,每个单元有唯一的设计变量,程序实现简单,计算效率高。变密度法不仅可以采用结构的柔度作为优化目标函数,还可以用于特征值优化、多学科优化等领域。其代表性方法包括罚函数固体各向同性微结构模型(solid isotropic microstructures with penalization,SIMP)和材料属性理性近似模型(rational approximation of material properties,RAMP)两种。事实上,SIMP 和 RAMP 两种密度函数插值模型均假设材料密度在单元内是常数并选为优化变量,都通过引入适当的惩罚因子对中间密度值进行控制,以达到最终要求的优化目标。区别在于 SIMP 中,材料特性用单元密度的幂函数来模拟,而 RAMP 中采用单元密度的有理式来模拟。以下介绍基于 RAMP 的变密度法。

1) 基于 RAMP 的拓扑优化设计模型

RAMP 密度函数插值模型假设材料是各向同性的,泊松比是与密度无关的一个常量,而弹性模量为设计变量密度的函数。以基于 RAMP 密度刚度插值格式为例,考虑连续体结构的柔度最小化(刚度最大)问题,以设计域规定的体积数为约束条件,在给定的荷载和位移边界条件下,寻求结构的最优拓扑形态。

构造基于 RAMP 密度刚度插值格式拓扑优化数学模型如下:

$$\begin{cases} \min C(x) = \sum_{i=1}^{N} \left[E_{\min} + \dfrac{x_i}{1+p(1-x_i)} \Delta E \right] \{U_i\}^{\mathrm{T}} [K_i] \{U_i\} \\ \text{s.t.} \begin{cases} V = \sum_{i=1}^{N} V_i x_i \leqslant f V_0 \\ 0 < x_{\min} \leqslant x_i \leqslant 1 \end{cases} \end{cases} \tag{4-3}$$

式中,V_0 为结构的初始体积;V 为优化后的结构体积;V_i 为第 i 个设计单元的体积;f 为体积分数约束参数,定义为结构中有效材料体积与整体结构体积之比,用以控制材料密度的分布和利用率;E 是弹性模量,$\Delta E = E_0 - E_{\min}$,$p = \Delta E / E_0$,$E_0$ 和 $E_{\min}$ 分别为材料固体部分和空洞部分的弹性模量。$C(x)$ 为 RAMP 的柔度函数;x 为设计变量材料密度,x_i 为第 i 个单元的设计变量材料密度;N 为划分的单元数目;$[K_i]$ 为第 i 个单元的单元刚度矩阵;$\{U_i\}$ 为第 i 个单元的位移向量;$x_{\min}$ 为材料密度取值下限。

为避免总刚度矩阵奇异,通常取 $x_{\min} = 0.001$。RAMP 中结构单元弹性模量的控制参数是 x 和 f,f 取不同值时,不同的中间密度单元 x 导致单元弹性模量参数趋近于 0 或 E_0。

当 $E_{\min} \ll E_0$,忽略 $E_{\min}$ 不计,对其做无量纲化处理,RAMP 的刚度矩阵、柔度函数及灵敏度函数可以改写为

$$K(x) = \sum_{i=1}^{N} \dfrac{x_i}{1+p(1-x_i)} K(x_i) \tag{4-4}$$

$$C(x) = \sum_{i=1}^{N} \dfrac{x_i}{1+p(1-x_i)} \{U_i\}^{\mathrm{T}} [K_i] \{U_i\} \tag{4-5}$$

$$C'(x) = -\sum_{i=1}^{N} \dfrac{1+p}{[1+p(1-x_i)]^2} \{U_i\}^{\mathrm{T}} [K_i] \{U_i\} \tag{4-6}$$

这样,最小柔度问题的 RAMP 优化模型可以写为

$$\begin{cases} \min C(x) = \sum_{i=1}^{N} \dfrac{X_i}{1+p(1-X_i)} \{U_i\}^{\mathrm{T}} [K_i] \{U_i\} \\ \text{s.t.} \begin{cases} V = \sum_{i=1}^{N} V_i X_i \leqslant f V_0 \\ 0 < X_{\min} \leqslant X_i \leqslant 1 \end{cases} \end{cases} \tag{4-7}$$

2) 基于 RAMP 的优化准则法的优化步骤及计算流程

在 RAMP 材料插值模式基础上,基于优化准则算法求解连续体结构拓扑优化问题的求解步骤如下(计算流程如图 4-6 所示)。

(1) 定义设计域和非设计域、约束条件、荷载条件等。设计域内的单元相对密度可随迭代过程变化,非设计域内的单元相对密度固定不变,为定值 0 或 1;

(2) 将连续体结构离散为有限元网格;

(3) 初始化单元设计变量,即给定设计域内每个单元初始相对密度值;

(4) 采用 RAMP 材料插值模型,计算各离散单元的材料特性参数,计算单元刚度矩阵,组装结构总刚度矩阵。在这里的计算中,RAMP 材料模型中一般取材料的泊松比 $\nu=1/3$,相应的惩罚因子 $\geqslant 20$;

(5) 通过有限元分析,计算结构的节点位移向量 $U=K^{-1}F$;

(6) 计算连续体结构的柔度值 C 及其敏度值 C',求解惩罚因子的值(如二分法);

(7) 设计变量更新;

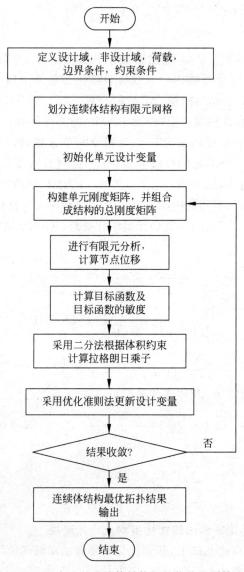

图 4-6　基于 RAMP 方法的连续体结构拓扑优化准则算法实现流程

(8) 检查结果的收敛性,如未收敛则转(4)继续循环迭代直至满足收敛条件;

(9) 输出目标函数值、设计变量值及结构最优拓扑形式(以密度图显示),结束计算。

2. 基结构法

1) 分析原理

基结构法(ground structure method,GSM)是一种以截面面积为设计变量的拓扑优化算法,与变密度法不同,基结构法主要用以解决离散结构的拓扑优化问题。其基本原理如下:在给定初始基结构的基础上,用算法对杆件的截面面积进行优化,当某一杆件截面面积减小到一定尺寸时则移除该杆件(或以某一非常小的截面面积代替),经多次迭代最终得到结构的最优拓扑形式。基结构具有最密的拓扑结构,其余的拓扑结构都可由基结构退化得到。图 4-7 简要示意了基结构法的优化流程。基结构法在优化过程中要确保不存在脱离结构的悬浮节点,且新结构自身总体刚度矩阵应保持正定。

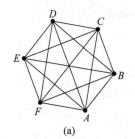 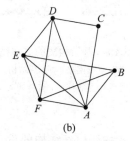 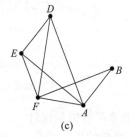

图 4-7 基结构法优化流程示意
(a) 基结构;(b) 优化步一;(c) 优化步二

虽然基结构法应用于由宏观单元组成的结构,但有限元分析时单元的数量并不一定很少。100 个节点所形成的桁架基结构最多可达 4950 个单元。为此,Hagishita 和 Ohsaki[40]提出了一种增长形式的基结构法(GGSM),可增加需要的杆件和移除不必要的杆件。不过,相比采用 SIMP 法对同一结构进行优化所需的单元数,基结构法则要小得多。

基结构的布置是基结构法的关键问题。算法能否得到全局最优解,取决于初始基结构的遍历性。初始基结构越丰富,得到真正全局最优的概率就越大。相反,如果初始基结构的遍历性差,则真正的全局最优解可能未被包含在内,只能得到局部最优解。为此,Mróz 和 Bojczuk[41]借鉴了生物的生长模式,由简单的结构出发,通过不断增添杆件来拓扑地生成最优结构。基结构法作为一种离散体结构的拓扑优化方法,被广泛应用于桁架、钢架等结构的拓扑优化设计,以及构件的拓扑优化设计中。Zhang 和 Mueller[42]将基结构法应用于剪力墙布置的初步设计中,并结合改进后的遗传算法对布置方案进行了优化。

2) 基结构的分析流程

基结构法被广泛应用于结构优化问题中,以桁架结构优化流程[43](图 4-8)为例进行说明,其主要分析步骤如下。

(1) 确定设计域。由于荷载和支撑施加的位置往往取决于实际条件,因此可以认为荷载和支撑的位置为预先设定,即预先在设计域内施加荷载和支撑约束,如图 4-8(a)所示;

(2) 布置节点和生成杆件单元,在设计域内划分基础网格,如图 4-8(b)所示;

(3) 连接基础网格的节点生成杆件单元,形成基结构,如图 4-8(c)所示;

(4) 采用优化算法删除低效率杆件单元,最终形成优化结构,如图 4-8(d)所示。

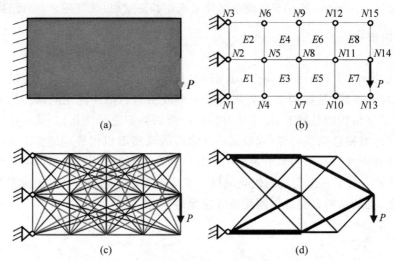

图 4-8 基结构法的结构优化
(a) 设计域；(b) 基础网格；(c) 基结构；(d) 优化结构
其中,红色线表示承受拉力的杆件；蓝色线表示承受压力的杆件。

3) 桁架结构构型设计

桁架结构的优化问题中,设计者往往根据结构的设计需求在设计域内布置有限数量的节点,并指定连接方式,获得基结构。桁架拓扑优化时,按照设计需求指定基结构的杆件增删策略,建立优化数学模型,并采取合适的数学方法求解桁架的最佳拓扑构型。对桁架结构进行单元划分是建立桁架基结构的第一步。将桁架结构划分成若干个单元后,按照所提出的基结构法对各个单元逐一建立基结构,即可获得桁架基结构。这种方法可简化基结构建立过程,同时还可提高优化速度。

(1) 单元基结构

构建不规则区域的基结构一直是桁架拓扑优化应用于工程实际的一个难题,本研究提出了一种通过单元划分建立桁架基结构的方法,可使该问题得到有效解决,具体操作分为两个步骤：①将桁架设计域分解为若干个单元设计域；②在各单元设计域内建立基结构。单元基结构指的是在单元设计域内建立的基结构,是桁架拓扑优化的最小单位。这里首先介绍单元基结构的建立和优化过程。

有限元网格法是一种常用的基结构构建方法,其本质是将设计域划分为均匀的网格,以有限元网格之间的节点作为基结构的节点,以杆件连接节点得到的基结构即为基结构。

以图 4-9 所示的设计域为例来说明其原理。图 4-9(a)所示为一正方形设计域,采用 2×2 的正方形网格对单元划分,其有限元网格划分结果如 4-9(b)所示,可以得到 9 个节点。所有节点两两相连,得到基结构,如图 4-9(c)所示。这个基结构亦称为单元基结构,是组成桁架基结构的基本单位,也是单元结构拓扑优化的初始结构。

(2) 单元结构拓扑优化

建立基结构是结构优化的前提。此外,结构优化包括两方面的内容：一是将设计中的

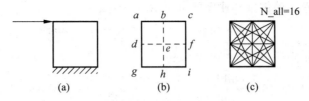

图 4-9 基结构的建立过程
(a) 设计域；(b) 网格划分；(c) 杆件连接

物理模型转化为数学模型，二是选取合适的数学方法求解数学模型。

优化数学模型通常以如下方式表述：

$$\min f(\boldsymbol{x}), \quad \boldsymbol{x} \in \mathbf{R}^n$$
$$\text{s.t.} \begin{cases} G_i(\boldsymbol{x}) = 0, & i = 1, 2, \cdots, m_e \\ G_i(\boldsymbol{x}) \leqslant 0, & i = m_e + 1, m_e + 2, \cdots, m_e + m \\ x_l \leqslant x \leqslant x_u \end{cases} \quad (4\text{-}8)$$

式中，$\boldsymbol{x}$ 为设计变量的向量集合 ($\boldsymbol{x} \in \mathbf{R}^n$)；$f(\boldsymbol{x})$ 为目标函数，为标量 ($f(\boldsymbol{x}): \mathbf{R}^n \to \mathbf{R}$)；$G(\boldsymbol{x})$ 为约束函数；m_e 为等式约束的个数；x_l 和 x_u 分别为设计变量 x 的下界和上界等式约束的个数。

单元结构优化设计旨在获得重量轻、静态性能高的结构构型。此处考虑 N 个杆件的平面基结构在多工况下的优化情况，以单元结构总质量最轻为优化目标，杆件截面面积为设计变量，单元基结构节点最大位移的最小值小于约束值，构建单元基结构优化模型为：

$$\begin{cases} \text{find} & \boldsymbol{x} = (x_1, x_2, \cdots, x_n)^T \\ \min & G = \sum_{i=1}^{n} l_i \rho_i A_i \\ \text{s.t.} & u_{j\max}(\boldsymbol{x}) < u_j^*, \quad j = 1, 2, \cdots, m \end{cases} \quad (4\text{-}9)$$

式中，G 为单元结构的总质量；l_i、ρ_i 和 A_i 分别是杆件的长度、材料密度和截面面积；$u_{j\max}(x)$ 为第 j 个工况下节点位移矢量最大值；u_j^* 为第 j 个工况下节点位移矢量的约束值。

涉及规律和随机性结合的启发式方法可高效地求解数学模型，虽然没有理论上证明其优化结果为全局最优，但是可以在合理的成本约束下获得近似最优解。按照搜索策略的不同，将优化算法分为两大类：一类是多点搜索，如遗传算法(genetic algorithm, GA)、粒子群优化算法(particle swarm optimization, PSO)、分散搜索算法(scatter search, SS)、免疫算法(immune algorithm, IA)，以及和声搜索算法等。另一类是单点算法，如模拟退火(simulated annealing, SA)及禁忌搜索等。

这里采用的是改进的粒子群算法，它将基本 PSO 算法结合不同的选择机制，能在保证收敛速度的同时提高全局搜索能力。在优化时，从所有粒子中以给定的概率选择候选粒子，所选粒子两两一组，随机组合，通过交叉操作产生后代，后代作为父代重复上述操作。

粒子群算法的后代粒子的位置和速度如下所示：

$$\text{child}_1(x_i^{(k)}) = p \cdot \text{parent}_1(x_i^{(k)}) + (1-p) \cdot \text{parent}_2(x_i^{(k)})$$

$$\text{child}_2(x_i^{(k)}) = p \cdot \text{parent}_2(x_i^{(k)}) + (1-p) \cdot \text{parent}_1(x_i^{(k)})$$

$$\text{child}_1(v_i^{(k)}) = \frac{\text{child}_1(v_i^{(k)}) + \text{child}_2(v_i^{(k)})}{\text{child}_1(v_i^{(k)}) + \text{child}_2(v_i^{(k)})} \cdot |\text{child}_1(v_i^{(k)})| \qquad (4\text{-}10)$$

$$\text{child}_2(v_i^{(k)}) = \frac{\text{child}_1(v_i^{(k)}) + \text{child}_2(v_i^{(k)})}{\text{child}_1(v_i^{(k)}) + \text{child}_2(v_i^{(k)})} \cdot |\text{child}_2(v_i^{(k)})|$$

式中，$\text{child}_l(x_i^{(k)})(i=1,2;l=1,2)$为子代粒子的位置；$\text{parent}_l(x_i^{(k)})(i=1,2;l=1,2)$为父代粒子的位置；$\text{child}_l(v_i^{(k)})(i=1,2;l=1,2)$为子代粒子的速度；$\text{parent}_l(v_i^{(k)})(i=1,2;l=1,2)$为父代粒子的速度。

单元结构优化时，仅对单元结构内部的杆件进行删减，基结构边界上的杆件为非设计域，非设计域即为结构的主体构型。传统的基结构法在优化过程中，仅删除节点之间的杆件。但事实上，建立基结构时杆件与杆件搭接产生了"交点"，过"交点"的杆件并无约束关系，为扩大最优解的搜索空间，最优解由基结构中节点和杆件交点共同决定，简言之，杆件交点虽不作为基结构生成的节点，但作为优化节点。通过粒子群算法的全局寻优求解优化数学模型可获得最优解。

（3）单元结构优化分析实例

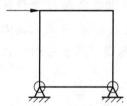

图 4-10 单元结构受载情况

图 4-10 为单元结构受载的情况，在图中所示的节点上施加水平方向的大小为 1000N 的荷载，底部全约束。在不同位移约束下对该结构进行优化。

图 4-11 分别是节点最大位移约束为 0.3mm 和 0.5mm 的优化结果，红色为优化结果的变形情况。由图可知，位移约束越小，所需剩余杆件数量越多。

彩图 4-11

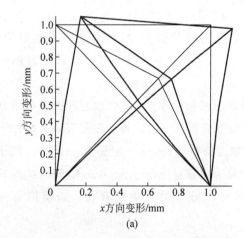
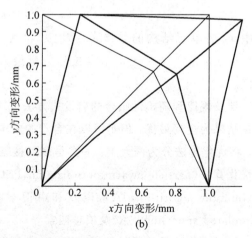

图 4-11 单元结构优化结果

(a) 位移约束为 0.3mm；(b) 位移约束为 0.5mm

受力节点不变，节点最大位移约束为 0.5mm，荷载大小为 1000N，改变荷载的作用方向，对单元结构进行优化设计。图 4-12 分别是水平方向荷载、荷载与水平方向成 45°和垂直方向荷载的结构优化结果，可以看出拓扑优化结果基本满足设计要求，可以进行下一步设计。

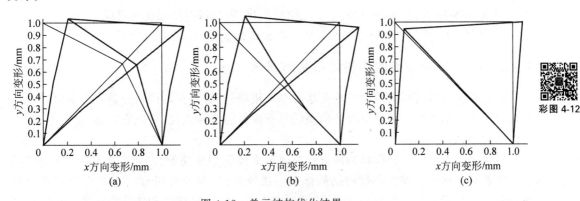

图 4-12 单元结构优化结果

(a) 水平方向荷载；(b) 荷载与水平方向成 45°；(c) 垂直方向荷载

对桁架结构进行单元划分时应考虑单元结构的外形特点、桁架设计域大小、性能需求等方面，根据设计域几何形状边界特征进行单元划分时，应保证划分后的形状边界为正方形。图 4-13(a)所示为一不规则形状，可参考图 4-13(b)的方式对桁架设计域进行单元划分。

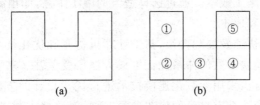

图 4-13 设计域的单元划分

(a) 设计域；(b) 单元划分

此外，这种划分方式将桁架结构划分成形状规则的单元，提高了正交杆件出现的概率，有利于桁架结构的优化。桁架结构是由多个单元结构通过杆件连接而成，相邻单元共用同一个杆件，荷载通过杆件上的节点传递到下一个单元。桁架拓扑优化是对组成桁架的单元结构进行拓扑再重新组合的过程。桁架结构拓扑优化的关键是确定各个单元结构的边界条件。在外荷载已知的情况下，很容易确定桁架结构的边界条件，但单元结构的荷载条件未知。下面通过荷载等效和力的平移定理获得单元结构的节点力和单元连接处的荷载条件。

为简单而不失一般性，以两个单元结构构成的桁架结构(图 4-14)为例进行结构设计，设计过程如下：

① 外荷载计算。采用力的平移定理计算出各单元结构所受的节点力；

② 首先对 1 号单元进行拓扑优化。假设 1 号单元与 2

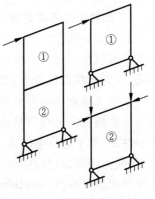

图 4-14 桁架结构示意

号单元之间的连接处为全约束,对 1 号单元拓扑优化;

③ 然后对 2 号单元进行拓扑。已知 1 号单元拓扑结构,通过刚度方程求解 1 号与 2 号连接处内力,将此内力以外荷载形式作用到 2 号单元上,此时假设 2 号单元与下一个单元或底座的连接为全约束,对 2 号单元拓扑优化;

④ 重复步骤②、步骤③,对余下单元结构优化,直到所有单元优化完成;

⑤ 将各单元结构优化结果组合,完成桁架结构优化,如图 4-14 所示。

4.4.2 基于模块参数的结构体系生成算法

基于模块参数的结构体系生成算法的基本策略是,将大型结构划分为多个模块,并为每个模块定义一组参数。通过对每个模块的参数进行组合和优化,可以快速、高效地生成一个整体结构体系。

模块化的设计方法使得结构的设计和建造更加简便和高效,同时也提高了结构的质量和可维护性。在基于模块参数的结构体系生成算法中,综合分析和优化方法是关键步骤。通过考虑各种因素的综合影响,如结构的安全性、可靠性、经济性和环境影响等,确定设计参数的约束条件。然后,利用优化算法对这些约束条件进行求解,得到最佳的结构体系设计方案。

具体而言,首先需要基于结构的功能需求、使用环境、建造方案和维护方式等因素确定相应的优化目标和约束条件。然后,为每个模块选择合适的部件及其连接方式,以提高整体结构的施工速度和降低施工成本。通过选择适当的施工工艺,如预制构件和模块化设计,可以降低结构的施工难度和成本。

随着计算机技术的快速发展和普及,基于计算机仿真和优化技术的建筑结构设计方法也不断涌现,其中基于模块参数的体系优化生成方法备受关注。基于模块参数的体系优化生成是一种以模块为单位,采用参数化建模技术进行优化设计的方法。它可以将建筑结构分解为多个模块,每个模块拥有自己的构造参数,通过对这些参数进行优化搜索,实现整个建筑结构的最优设计。与传统的单元参数设计方法相比,基于模块参数的体系优化生成更能够反映出建筑设计中的整体性和系统性。同时,该方法还可以在设计中更好地体现出模块化思想,提高建筑的易组装性、灵活性和可持续性。基于模块参数的结构体系生成方法的主要步骤如下。

1. 参数化体系库的建立

参数化体系库是建立在模块智能设计的基础上,为优化设计过程提供便利的工具。设计人员可以根据已有的模块参数信息,通过选取合适的组件来构建复杂的系统或解决特定问题,从而提高设计效率,节约时间和成本,实现优化设计的目标。

在建立参数化体系库之前,首先要明确建筑结构的设计方案和模块化划分方案,同时需要为每个模块定义相应的参数。这些参数的定义需要考虑到建筑物的使用环境、功能需求、力学性能、施工条件等因素,并要满足其他设计的要求。常用的模块参数包括尺寸、弯矩、惯性矩、截面面积、材料性质等。在此基础上,创建参数化模型是建立参数化体系库。现在已有可视化建模软件(如 Rhino、Grasshopper、Revit 等)可用来创建参数化模型,并将每个模块的参数与相应的模型元素关联起来。

为了使参数化模型可以在参数化体系库中被反复调用,需要将其转化为组件。组件是一种封装了计算过程的对象，其包括输入端口、输出端口和计算过程。设计人员可以通过输入不同的参数，得到相应的输出结果，完成模块的计算和优化。在 Rhino 和 Grasshopper 中可以使用"封装"命令将模型转化为组件并保存到组件库中。

完成参数化模型的创建和组件化后，需要将所有的模块组件保存到参数化体系库中，并建立相应的分类和索引。参数化体系库需要支持快速搜索、显示和调用组件，以便设计人员方便地进行模块选择和参数优化。在 Rhino 和 Grasshopper 中，可以使用分类器（如 GhShelf、GhAutoSort 等）对组件进行分类，使其更易于被查找和调用。

随着设计经验和技术的积累，参数化体系库需要不断完善和更新。新的设计方案和模块化划分方法需要与现有的组件集成和互动，在保证数据一致性的同时提高组件的复用性和通用性。

总之，建立参数化体系库是以模块智能设计为基础。在建立参数化体系库的过程中，设计人员需要根据实际需求定义合适的模块参数，并使用可视化建模软件创建参数化模型和组件，建立起良好的数据库结构，以便于后续的参数优化、系统设计和方案比较。只有建立了完备、通用和易用的参数化体系库，才能够实现建筑结构的高效优化设计和智能化创新。

2. 模块生成

随着人工智能和数字化技术的不断发展，参数化模块化设计和优化已成为现代设计领域不可或缺的一部分。在建筑、机械、电子等领域中，参数化模块化设计和优化已经广泛应用于实际的设计和制造过程中，大大提高了工作效率和设计质量。

参数化模块化设计是基于模块化思想和参数化技术的设计方法。它将设计几何体和参数分离，将设计过程分解为模块化组装和优化过程。在参数化模块化设计中，参数模块的生成是设计的核心环节，通常涉及模块化划分、参数定义、模块化设计及模块化测试。

模块化划分将设计对象根据功能和形态划分成多个模块，并考虑模块之间的相互关系和约束条件；参数定义为每个模块定义相应的参数，包括尺寸、形状、材料、性能等参数，并设定参数的范围和变化方式；模块化设计在参数定义的基础上，构建参数化模型，通过程序控制参数的变化，生成可行的设计方案集；模块化测试是对不同的设计方案进行测试和评估并反馈到设计模型中，继续下一轮迭代直至达到给定的目标，获得最优结构设计方案。

基于以上四个方面，现有的参数模块生成技术可以归纳为以下几种类型。

(1) 基于规则的模块生成

基于规则的模块生成是指利用程序算法或者图形语言对设计规则进行编码，通过自动化计算机程序实现模块化划分和参数化自动生成。例如，Rhino 和 Grasshopper 工具集中的生成器插件可以帮助设计人员通过简单地输入指定参数来创建模块化设计。另外，Parametric Toolbox、Design Explorer、Karamba 等软件也都可以实现基于规则的模块结构体系自动生成，可生成特定的结构体系。例如，对于相同的矩形平面，利用 Grasshopper 中的 Lunchbox 插件快速形成如图 4-15 所示的多种网格形式，还可以生成如图 4-16 所示的高层建筑的外框架结构体系。进而，将桁架的体系库进行适当修改后就可生成带不同加强层的结构体系，如图 4-17 所示。

(2) 基于演化的模块生成

基于演化的模块生成是指利用进化算法、遗传算法等智能优化算法对模块进行优化设

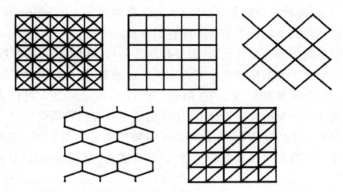

图 4-15 Lunchbox 形成的网格及其 Grasshopper 电池图

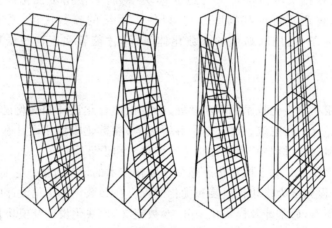

图 4-16 高层建筑外框架的参数化快速生成

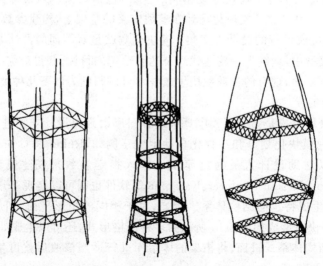

图 4-17 环带桁架的参数化快速生成

计和自动生成。这种方法通过模拟生物演化的过程进行结构体系的智能生成。基于演化的模块生成方法已经在建筑、机械等领域得到了广泛应用。

（3）基于机器学习的模块生成

基于机器学习的模块生成是指利用机器学习算法对设计数据和模型进行分析和学习，以自动生成高质量的设计模块。这种方法通过将大量的设计数据输入机器学习算法中，让计算机自动学习模块之间的关系和优化规律，从而生成高质量的设计模块。近年来，基于机器学习的模块生成已经成为结构智能设计的热门研究方向之一。

3. 参数模块的优化

参数模块的优化是指在参数化模块化设计的过程中，利用各种优化算法和工具对设计过程进行全面的优化。旨在满足给定约束条件下，通过优化设计参数，最大限度地提高设计的性能和效率。参数模块的优化主要涉及优化策略和各种优化算法。结构体系智能生成一般属于多目标优化问题和约束优化问题。需要考虑多个目标指标，通过合理的权衡，实现设计的多目标优化。例如，结构智能设计过程中，需要考虑建筑的美观性、功能性、舒适度、节能环保性能等多个指标，同时还要考虑结构的安全性、结构效率、施工要求及成本控制等设计目标。

随着建筑工业化和装配化的不断推进，基于模块参数的结构体系生成算法在建筑领域展现出广泛的应用前景，为工程师们提供了更多的设计选择。然而，基于模块参数的结构体系生成算法仍然存在一些挑战和局限性。例如，如何准确地确定模块的参数和优化目标仍然是一个复杂的问题，需要考虑与其他设计要素的协调和整合，以实现整体设计的一致性和完整性。

4.5 实例分析

4.5.1 人行天桥拓扑结构设计

人行天桥的结构设计中一个特殊的要求是竖向自振频率的控制。由于人行天桥的主要活荷载为行人，而行走时步行频率约为2Hz。为避免主桥的固有自振频率与步行频率较接近而引起振动过大，引起行人感到不适，甚至导致疲劳破坏，《城市人行天桥与人行地道技术规范》(CJJ 69—1995)规定：人行天桥上部结构竖向自振频率不应小于3Hz。

经过简化后的行人天桥力学平面模型如图4-18所示[44]，主要模拟桥梁中间的钢箱梁。简化后的行人天桥由上顶板、腹板和下底板3个部分组成，桥的跨度为71.4m，高3.6m，下底板分别距左、右两端13.7m和20.5m处为支座，支座采用简支约束。材料采用Q235钢，弹性模量为$2.1×10^{11}$Pa，材料的密度为7900kg/m^3，泊松比为0.3。

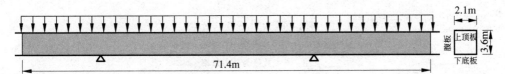

图 4-18 行人天桥力学简图

根据《公路桥涵施工技术规范》(JTG/T 3650—2020)规定：行人密集区荷载为 $3.5kN/m^2$，作用于栏杆的竖向力为 $1kN/m^2$，二者荷载组合后顶板均布荷载为 $4.5kN/m^2$ 的。有限元分析结果表明，人行天桥在受到均布荷载作用下，其应力从支座处向中心及两端逐渐传递，中心位置及两端的应力较小，而在支座附近的腹板的应力值较大。整个人行天桥的应力分布不均匀，且底板与支座交接处出现了应力集中现象。

由于人行天桥的应力分布并不均匀，材料并未得到充分利用，不是最佳传力路径的结构，可对其进行拓扑优化分析，从而获得更加经济合理的设计结果。此处，将结构刚度最大作为优化目标，即应变能最小作为优化目标，其数学模型可以表述如下：

$$f = \min U$$
$$\text{s.t.} \ M \leqslant \rho M_0 \qquad (4\text{-}11)$$
$$0 \leqslant x_i \leqslant 1, \quad i = 1, 2, \cdots, n$$

式中，U 为人行天桥的结构应变能目标函数；M 为结构优化后的质量；M_0 为结构的初始质量；ρ 为结构体积分数；x_i 为设计变量（网格单元）。

利用 Optistruct 优化软件对该人行天桥进行拓扑优化。如图 4-19 所示，经过 12 步迭代后目标函数收敛，得到最优拓扑结构即为最佳传力路径。图 4-19 中从上到下依次为质量减轻 20%、40%、60% 后的拓扑优化效率图，通过该效率图可以看出，承受均布荷载的人行天桥的具体的传力路径，在效率图中部及两端区域为密度接近于 0 的部分，可以相应地去除材料，支座及中部上下两端区域为效率接近或等于 1 的部位应予以保留。随着减质量比例的增加，中间位置及两端材料去除区域面积也在增加，另外，随着减质量比例越来越大，中部及两端的材料集聚度越来越低，说明中间及两端材料对于结构总体刚度的提高利用率较低，与腹板的应力云图结果一致，故可在中部及两端进行尝试性开洞。

彩图 4-19

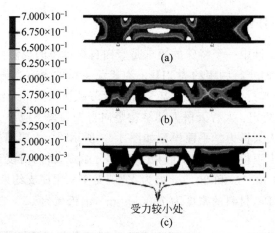

图 4-19 拓扑优化后效率

(a) 减质量 20%；(b) 减质量 40%；(c) 减质量 60%

注：图中数值为受力效率。

4.5.2 基于变密度法的平面桁架优化设计 *

为了验证 T-BESO 法的有效性[45],对平面桁架进行优化。材料均为 Q235 钢,弹性模量 $E=206\times10^3\text{N/mm}^2$,拉应力和压应力设计值分别为 $\sigma_0^+=215\text{N/mm}^2$ 和 $\sigma_0^-=-215\text{N/mm}^2$。杆件初始截面面积设置为 100mm^2,外荷载 $P=10\text{kN}$,设计变量最小值为 $A_{\min}=1\times10^{-7}\text{mm}^2$,收敛参数 $T=0.5\text{mm}^2$,最大迭代次数 N 为 100000 次。单元灵敏度标准值 $\bar{\alpha}_0=0.1122$。优化结果的误差计算式为:

$$\text{error}=\frac{C-C_a}{C_a}\times100\% \tag{4-12}$$

式中,C 为应变能函数;C_a 为应变能函数理论值。

设计域(含荷载 $P=10\text{kN}$ 和约束条件)、基础网格和基结构如图 4-20 所示。设计域 L_x 和 L_y 分别为 5m(跨度方向)和 2m(高度方向),基础网格尺寸为 $500\text{mm}\times500\text{mm}$,共有 40 个基础网格和 55 个节点。创建基结构时最多相隔 3 个基础网格生成杆件单元,共计 614 个杆件单元。取每个杆件单元的截面面积为设计变量,共 614 个设计变量。根据 Zegard 等的研究可知,当 $L_y\geqslant\sqrt{2}L_x/4$ 时,该算例的最小体积的解析解为

$$V_a=P\left(\frac{L_x}{2}\right)\left(\frac{1}{2}+\frac{\pi}{4}\right)\left(\frac{1}{\sigma^+}+\frac{1}{\sigma}\right)=2.989\times10^5\text{mm}^3 \tag{4-13}$$

在满应力设计下,有 $C_a=\frac{\sigma_0^2}{2E}V_a=33.539\text{J}$。式中,$V_a$ 表示最小体积的解析解。

采用 T-BESO 法优化后的结构如图 4-20(d)所示,结构应变能为 $C=34.572\text{J}$,与解析解相比,误差 $\xi=3.080\%$,与解析结果非常接近。

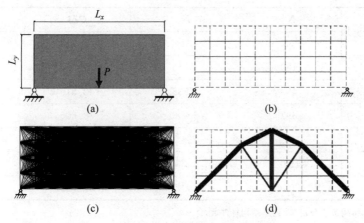

图 4-20 桁架模型优化图
(a) 设计域;(b) 基础网格;(c) 基结构;(d) 优化后的结构

为了研究基础网格尺寸对结构优化的影响,采取不同网格尺寸对图 4-21(a)所示的设计域进行分析,连接级别均为 $\beta=4$。优化结果如图 4-21 所示,其中,N_x 和 N_y 分别表示横向和竖向网格数量。采用 T-BESO 法计算得到的应变能与解析解的误差如表 4-1 所示。采用 T-BESO 法得到的优化结构计算值与解析解的误差在 $0.605\%\sim3.080\%$,且误差随着基础

网格数量的增多而降低。这主要是因为随着基础网格的增多,设计域内节点数量增多,在优化过程中有更多的节点位置可以选择。另外,随着节点数量的增多,杆件单元的数量增长较快,这扩大了优化问题的求解域,有助于更优的结构形成。

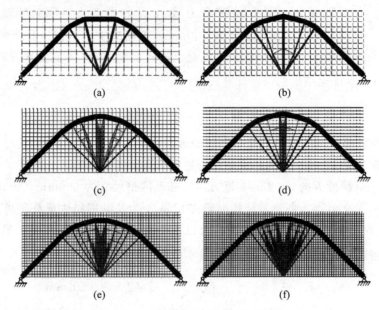

图 4-21 不同基础网格下的优化结果

(a) $N_x \times N_y = 20 \times 8$; (b) $N_x \times N_y = 30 \times 12$; (c) $N_x \times N_y = 40 \times 16$;
(d) $N_x \times N_y = 50 \times 20$; (e) $N_x \times N_y = 60 \times 24$; (f) $N_x \times N_y = 70 \times 28$

表 4-1 桥模型优化结果

$N_x \times N_y$	N_n	N_b	C/J	$\xi/\%$
10×4	55	614	34.572	3.080
20×8	189	3116	33.892	1.053
30×12	403	7538	33.819	0.834
40×16	697	13880	33.805	0.793
50×20	1071	22142	33.753	0.638
60×24	1525	32324	33.753	0.638
70×28	2059	44426	33.742	0.605

注: N_n 为基结构节点数; N_b 为基结构杆件数。

4.5.3 高层剪力墙结构智能设计方法*

1. 剪力墙结构体系参数化生成[46]

高层剪力墙结构智能建模包括房间检测、建筑分割与识别、剪力墙自动布置和数据文件生成四个模块,具体建模流程如图 4-22 所示。对于"房间检测"模块,模块输入是"建筑矢量图形文件",模块输出是"房间集合",每个房间以其四周的建筑基本元素进行表示;"建筑分割与识别"模块的输出是"户型及墙类别"的相关信息;"剪力墙自动布置"模块的输出为"参数空间参数约束";"数据文件生成"模块的功能是将实例化的参数生成 SQL 文件格式,PKPM 软件可根据 SQL 文件生成 JWS 计算文件,从而完成高层剪力墙结构的智能建模。

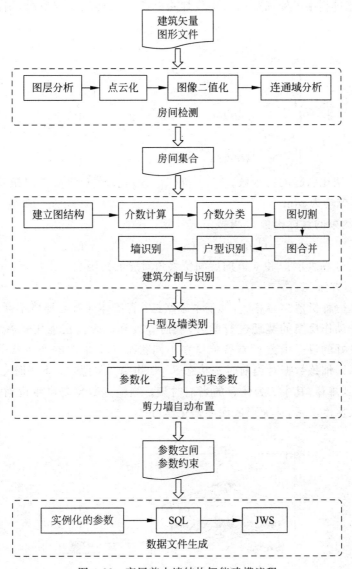

图 4-22 高层剪力墙结构智能建模流程

2. 剪力墙结构体系智能优化

1) 目标函数及约束条件

高层剪力墙结构优化是在层间位移角、轴压比、构件承载力等结构设计指标满足规范要求的情况下实现成本降低、施工便捷、功能提升等目标。以高层住宅剪力墙结构为例,优化目标设为材料成本最低,即以剪力墙布置的长度最短为目标,其材料成本 C_m 可表示为

$$C_{\mathrm{m}} = \sum_{p=1}^{s}(L_{p1} + L_{p2}) \tag{4-14}$$

式中，s 表示剪力墙数量；L_{p1} 和 L_{p2} 分别为剪力墙 p 的左肢和右肢的长度。

在结构方案初步设计时，结构性能指标主要包括层间位移角 $1/\delta$、扭转比 r_d 以及周期比 r_p。针对优化过程中可能面临的结构设计指标不满足规范要求情况，引入罚函数，具体形式如下：

$$\begin{cases} C_{\mathrm{rp}} = \begin{cases} 0, & r_\mathrm{p} - 0.9 \leqslant 0 \\ 1000(r_\mathrm{p} - 0.9), & r_\mathrm{p} - 0.9 > 0 \end{cases} \\ C_{\mathrm{rdx}} = \begin{cases} 0, & r_{\mathrm{dx}} - 1.4 \leqslant 0 \\ 1000(r_{\mathrm{dx}} - 1.4), & r_{\mathrm{dx}} - 1.4 > 0 \end{cases} \\ C_{\mathrm{rdy}} = \begin{cases} 0, & r_{\mathrm{dy}} - 1.4 \leqslant 0 \\ 1000(r_{\mathrm{dy}} - 1.4), & r_{\mathrm{dy}} - 1.4 > 0 \end{cases} \end{cases} \tag{4-15}$$

式中，C_{rp} 表示周期比引起的罚函数；C_{rdx} 和 C_{rdy} 分别表示 x 和 y 方向扭转比引起的罚函数；罚函数的单位均为 mm。

相应地，无约束的目标函数 C 可按下式计算：

$$C = C_{\mathrm{m}} + C_{\delta x} + C_{\delta y} + C_{\mathrm{rp}} + C_{\mathrm{rdx}} + C_{\mathrm{rdy}} \tag{4-16}$$

式中，$C_{\delta x}$ 和 $C_{\delta y}$ 分别表示 x 和 y 方向层间位移角对应的罚函数。

2) 强化学习方法

强化学习是一种机器学习算法，其基本思路是：智能体通过与环境不断地交互，对环境根据当前状态和动作反馈的奖惩进行学习，从而寻找到规律。在强化学习中（图 4-23），环境根据预先定义好的目标函数 C 对智能体在不同状态 S 下采取的动作 A 进行奖惩 R；智能体通过对一系列训练数据对当前时刻状态 S_t，动作 A_t，奖惩 R_t，下一时刻状态 S_{t+1} 进行学习，从而寻找到规律，其中 t 为任意的当前时刻。当输入数据是高维度时，需要在强化学习的基础上引入深度学习，从而形成深度强化学习。

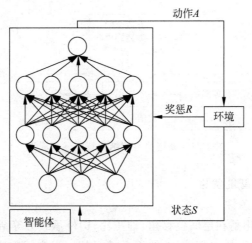

图 4-23 强化学习流程

3) 优化流程

图 4-24 中给出了基于深度强化学习的高层剪力墙结构智能优化方法,其中深度学习网络构架包括三个卷积层和一个全连接层。基于深度强化学习的高层建筑结构智能优化算法的具体流程如下:

(1) 输入自动生成的高层结构平面布置图,智能体通过卷积层和全连接层得到参数调整指令并反馈给环境;

(2) 环境根据参数调整指令生成新的平面布置图并按新的平面布置图进行参数化建模和结构分析;

(3) 环境根据结构性能指标计算目标函数并将目标函数的改变量作为奖惩返回给智能体,同时环境还需要将新的平面布置图反馈给智能体。

需要重复上述步骤(1)~步骤(3),直至达到收敛条件。通过学习一系列的平面布置图、参数调整指令、新平面布置图,目标函数改变量得到高层建筑结构最优调整策略,从而实现智能优化目标。

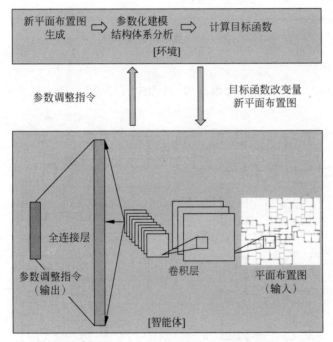

图 4-24 基于深度强化学习的智能优化流程

3. 工程算例[46-47]

1) 工程概况

以高层住宅剪力墙结构为例,对智能建模与优化方法进行验证。图 4-25 为 33 层住宅剪力墙结构的建筑平面图,平面尺寸为 19.5m×35.1m,层高为 2.9m,抗震烈度为 6 度,剪力墙混凝土的强度等级为 C40。荷载信息如下:梁的线荷载取值 3kN/m;普通板面的恒载和活载分别取值 $1.5kN/m^2$ 和 $2.0kN/m^2$;楼梯间用零厚度板进行导荷,零厚度板的恒载和活载分别取值 $7.0kN/m^2$ 和 $3.5kN/m^2$。

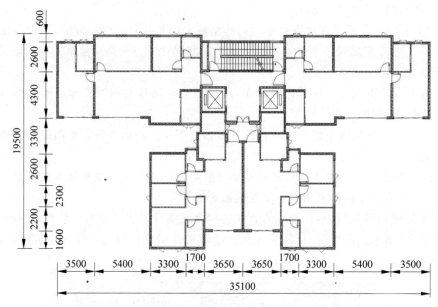

图 4-25　算例的建筑平面

2）建模效果评估

图 4-26 为自动生成的 4 种剪力墙布置，从图中可以看出，剪力墙布置均符合上述布置原则。

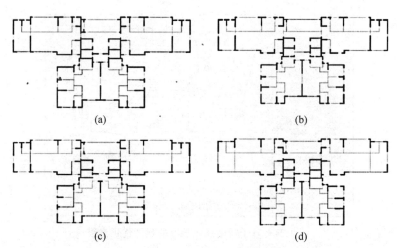

图 4-26　自动生成的剪力墙布置
(a) 示例 1；(b) 示例 2；(c) 示例 3；(d) 示例 4

图 4-27 给出了算例的 PKPM 模型，模型只包括一个标准层。对于沿层高方向布置发生变化的高层剪力墙结构，需要生成多个标准层，且对标准层之间的参数添加额外约束。高层剪力墙结构智能建模耗时约 15min，有效提高了设计效率。

3）优化效果评估

采用深度强化学习对算例的 PKPM 模型进行智能优化，目标函数 C 的收敛曲线如图 4-28 所示，从图中可以看出，目标函数总体呈下降趋势且均最终稳定在 100m 附近，说明

图 4-27 算例的 PKPM 模型

优化方法收敛性好。此外,最终的目标函数值相对初始值较小,没有罚函数引起的突变,说明设计结果符合规范的要求。

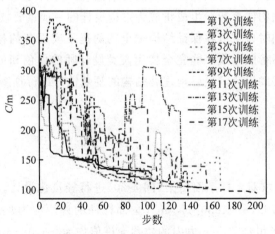

图 4-28 目标函数的收敛曲线

彩图 4-28

图 4-29 为所提智能设计方法与结构工程师设计得到的剪力墙布置图的对比,从图中可以看出,两种方法布置的剪力墙高度相似。结构工程师设计的成本(材料成本)为 118.036m,而所提智能设计方法的成本为 91.500m,材料成本降低了 22.5%。对于一栋 33 层的剪力墙结构,结构工程师通常需要花费 300h 进行模型调整与优化,而智能建模与优化仅仅需要约 10h,设计周期缩短了 96.7%。此外,训练后的深度强化模型可进一步指导相似建筑的智能优化,表现出显著的效率高、周期短和人力少等优点。

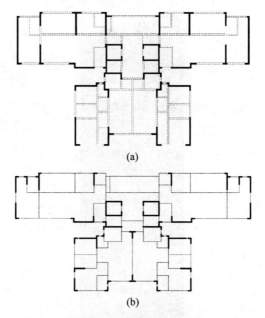

图 4-29 剪力墙布置的对比
(a) 结构工程师设计($C=C_m=118.036$m); (b) 智能设计($C=C_m=91.5$m)

本章介绍了结构体系智能生成的概念、方法和应用。通过人工智能技术的应用,结构体系智能生成可以自动化地生成多种设计方案,并通过优化算法寻找最佳解决方案,不仅可以提高结构体系设计的效率,还可以保证结构的安全性、稳定性和经济性。随着人工智能技术的不断进步和应用,结构体系智能生成将成为结构设计的一项重要技术,为设计师提供更多的设计思路和选择,同时也可以在保证结构安全的前提下实现节约材料和成本的目标。值得指出的是,结构体系智能生成不能完全替代人类设计师的角色和创造力。作为设计师的一个辅助工具,可以帮助设计师更好地理解结构的复杂性并进行预测分析,从而在设计过程中提高效率和准确性。

练习题

[4-1] 试根据要求对十杆平面桁架(图 4-30)进行轻量化设计。材料弹性模量和密度分别为 $E=68.9476$GPa,$\rho=1930.7$N/m³,全部杆件的许用应力均为 ±302.368kN,$p_1=150$kN,$p_2=50$kN。各可动节点 y 方向的位移允许值均为 ±5.08mm,各杆截面面积的下限值均为 64.516mm²,初始设计均为 6451.6mm²,误差为 eps=$1×10^{-4}$。

[4-2] 自由端上下受力的悬臂梁的优化(图 4-31)。初始结构为 80mm×40mm 的矩形,厚度为 2mm。设计域的左端采用固定约束,右端上下两角点受变幅荷载 P_1、P_2 作用,P_1、P_2 单独作用为一个工况,工况表见表 4-2 与表 4-3,材料弹性模量 $E=69$GPa,泊松比 $\nu=0.33$,密度 $\rho=2830.3$kg/m,采用重量最小为目标,疲劳寿命约束,对比算例是柔度最小为目标,质量百分比为约束。

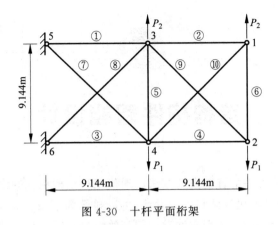

图 4-30 十杆平面桁架

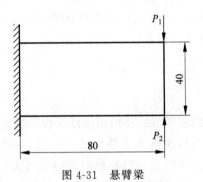

图 4-31 悬臂梁

表 4-2 工况 P_1 荷载谱表

荷载级数	荷载 S_i/S_{max}	循环数 n_i
1	1	100
2	0.8	10000
3	0.6	10000
4	0.4	100000

表 4-3 工况 P_2 荷载谱表

荷载级数	荷载 S_i/S_{max}	循环数 n_i
1	0.9	1000
2	0.7	1000
3	0.5	100000
4	0.3	100000

5 结构构件智能设计

本章重点介绍结构构件的智能设计方法。现代工程结构构件的设计融合了智能算法和优化理论后,可以实现自动化建模和优化设计,可以显著缩短设计周期,提高构件力学性能的计算准确度、降低设计成本,实现构件设计的高效性、准确性、经济性和可持续性。具体内容包括:结构构件设计评价指标、结构构件优化设计的目标和约束条件、装配式结构构件智能深化设计、构件智能设计方法及代表性工程实例等。

5.1 概述

工程结构构件智能设计的主要目标是缩短构件在设计过程中的时间,降低设计成本,并得到更好更优的设计结果。与传统的人工建模设计相比,构件的智能设计具有以下优点:①效率高:智能设计方法或代理模型可以在短时间内完成大量的计算和优化工作,显著缩短了设计时间,大大地提高了设计效率。②准确性高:智能设计可以综合考虑构件的各种因素和信息,使设计结果更加准确,避免人为简化计算部分信息造成的精度降低。③优化性强:智能设计可以通过不同的优化算法找到问题的最优设计方案,并且对相关参数进行优化,提高了设计的优化性。④在线学习,离线使用:训练好的智能设计代理模型可以保存相关参数,下一次设计时可直接使用,无须重新学习或训练。

当前,利用人工智能算法和优化算法可以对工程结构的构件进行智能设计和优化,找到最优的构件优化方案或初步确定构件设计尺寸,如钢框架的梁柱截面尺寸、钢筋混凝土框架中的钢筋排布、构件静力性能的机器学习预测模型等。

5.2 结构构件设计评价指标

在工程结构构件的设计中,安全性、适用性和耐久性同样是结构需要满足的功能要求。但与结构体系生成时的具体规定和要求存在区别。首先,安全性是最基本和最重要的评价指标。合理设计的结构构件应能够承受可能出现的各种荷载情况并保持稳定,以避免发生破坏或失效。其次,适用性是评价构件设计满足其使用功能要求的因素。设计的构件应能够满足一些使用功能的要求,包括挠度变形、裂缝宽度、振动等方面。最后,耐久性也是一个重要指标,保证了构件在设计使用年限内能够保持其安全性和适用性,抵御外部环境和使用条件的影响。

除此之外,经济性、可施工性、可维护性和碳排放量等指标也是构件设计中需要考虑的因素。构件设计应该在确保满足安全和正常使用的前提下,降低总成本、减少材料使用量,简化制造和施工过程,减少碳排放并提高其可持续性。例如,经济性要求设计时需充分考虑材料、工艺和施工成本,以实现性价比最优;可施工性要求构件的设计应符合相应的施工条件,方便工人施工和安装;可维护性要求构件在设计使用年限内易于维护和检修;碳排放量则要求设计时需考虑结构的全生命周期对环境的不利影响,尽量减少整个使用生命周期内的碳排放。以上这些评价指标共同构成了构件设计的综合评价体系,工程师在设计时需要综合考虑,以实现最优的设计方案。

5.2.1 结构构件安全性评价指标

安全性是指在正常施工和正常使用的条件下,结构或构件应能承受可能出现的各种荷载作用和变形而不发生破坏;在偶然事件发生后,结构仍能保持必要的整体稳定性。例如,建筑结构服役期间要承受自身的自重、设备家具的重量、风雪荷载等,以及在遭遇爆炸、撞击或强烈地震等偶然事件时,允许出现局部的损伤,但是要避免局部破坏造成整体倒塌。构件的承载能力、刚度、稳定性和疲劳性能等要满足相应的要求。

(1) 承载能力:指构件能够承受的荷载大小。在设计过程中,需要根据可能出现的静荷载、动荷载、地震作用等来确定结构所需的承载能力,以确保结构能够安全承受这些荷载,不会超过其承载能力。例如,可以增加构件截面尺寸、使用高强度材料或者增加辅助部件来提高构件的承载能力。

(2) 刚度:指构件对外部荷载产生的变形程度。构件应具有足够的刚度,以保持结构的稳定性并满足设计要求。刚度可通过增大构件截面尺寸、优化截面形状或增加支撑等方式进行控制,防止刚度过小可能导致构件过度变形或振动引起附加内力,从而影响结构的安全性。

(3) 稳定性:指结构在承受荷载时保持平衡和稳定的能力。在设计中,构件的稳定性至关重要,尤其是长细比、宽厚比较大的构件。设计中需要考虑结构的整体稳定性、局部稳定性和几何稳定性,通过合理的构造和加固措施来避免结构产生倾覆、屈曲等失稳现象。常用的措施包括增加腹杆、设置支撑、增加加劲肋或加劲板来提高构件的整体稳定性。

(4) 疲劳性能:指构件在长期循环荷载作用下产生周期性应力,疲劳累积损伤产生裂纹,并逐渐扩展,最终导致结构失效。通过合理的结构设计可以减少应力集中,改善荷载的分布,合适的连接设计有效地传递应力,减小疲劳破坏的风险,从而延长结构的寿命。

5.2.2 结构构件适用性评价指标

结构构件适用性是指建筑结构在正常使用情况下能够正常发挥其各个部分的使用功能,保持良好的工作性能的能力。适用性评价指标包括变形、裂缝、振动等。过大的变形会造成如房屋内粉刷层剥落、填充墙和隔断墙开裂及屋面积水等后果;过大的裂缝还会影响结构的耐久性;过大的变形、裂缝或振动也会造成用户心理上的不安全感,影响结构的正常使用。

(1) 变形:构件在正常使用过程中产生的变形量应满足设计要求,不应该出现过大的变形影响结构的使用功能,对结构构件或非结构构件产生不良影响。混凝土梁在短期荷载作用下会产生一定的变形,如果变形过大将影响结构的正常使用性能,如门窗不能正常开关;在长期荷载作用下,混凝土的收缩和徐变会使构件的挠度随时间增大,甚至导致结构失稳和倒塌。例如,楼板长期受力,导致中间部位下沉变形,严重时会出现楼板破裂等问题。设计过程中通常采取保证挠度变形不超过规范限值要求作为约束条件加以考虑。

(2) 裂缝:钢筋混凝土构件在正常使用过程中不应出现过大宽度的裂缝,否则会影响结构的承载能力和耐久性。一般钢筋混凝土构件除了在受荷载作用下产生裂缝,混凝土的收缩、温度变化、结构的不均匀沉降等各种因素都会引起混凝土开裂。还有施工原因,如混合材料不均匀、长时间搅拌、模板拆除过早等。如果裂缝宽度过大,钢筋容易产生锈蚀,将影响结构的安全性和耐久性,威胁结构安全。设计过程中通常采取保证裂缝宽度不超过规范限值要求作为约束条件加以考虑。

(3) 振动:结构应具有一定的抗振动能力,避免因外部振动或自身振动而影响结构的正常使用和安全性。构件受到外力作用会产生振动,如结构下方运行的轨道交通,会对上部结构产生竖向振动;厂房的设备工作产生的振动,让人心里感觉不舒适,如果振动过大还将影响结构的稳定性。设计过程中通常采取保证振动速度或者加速度不超过规范限值要求作为约束条件加以考虑。

5.2.3 结构构件耐久性评价指标

结构构件耐久性是指在正常使用和正常维护条件下,结构的承载力和刚度不应随时间有过大的降低,在设计使用年限内能够保持安全性和适用性。结构或构件的耐久性取决于所处环境和使用条件,以及材料性能、构造方式和维护条件等因素。

对于钢结构的耐久性指标主要有抗腐蚀性和耐疲劳性。抗腐蚀性是指材料在恶劣环境中不受腐蚀不被损害的能力。一般钢结构暴露在大气中或潮湿环境中,容易受到环境的腐蚀作用产生锈蚀,尤其是长期服役于高湿度或腐蚀性工业区、高盐度海滨地区的钢结构,其材料腐蚀耐久性问题对结构安全性、使用性的影响不容忽视。要采取一些预防措施以保证构件的耐久性,如喷涂防腐漆、镀锌等防护措施,可以避免或减缓暴露的钢材与环境的直接接触,从而降低钢材的腐蚀风险,有效地延长钢结构的使用寿命。

混凝土结构的耐久性指标包括抗渗性、抗冻性、抗侵蚀性、抗碳化能力和钢筋抗锈蚀能力等。

(1) 抗渗性是指混凝土抵抗压力水渗透作用的能力,直接影响混凝土的抗冻性和抗侵蚀性。渗透会导致混凝土内部的钢筋锈蚀、表面混凝土保护层的开裂与剥落等破坏。混凝土的渗透性与其密实度和内部孔隙的大小和构造有关,因此,要提高混凝土的渗透性,需要控制其水灰比和骨料级配等主要影响因素。

(2) 抗冻性是指混凝土在饱和状态下,经多次冻融循环作用而不严重降低强度的性能。

(3) 抗侵蚀性是指当混凝土所处环境中含有侵蚀性介质时,要求混凝土具有足够的抗侵蚀能力。侵蚀性介质包括软水、硫酸盐、镁盐、碳酸盐、一般酸、强碱、海水等;碳化使混凝土的碱度降低,削弱混凝土对钢筋的保护作用,可能导致钢筋锈蚀。碳化会显著增加混凝土的收缩而产生细微裂缝,还使得混凝土抗拉、抗压强度降低。

构件耐久性的显著降低会导致构件过早失效,从而影响整体结构的安全性和正常使用,若频繁地对损坏构件进行维修或更换则会增加后期的维护成本和更换后的使用风险。因此在设计阶段,需要综合考虑材料性能、构造连接方式、施工工艺、使用环境和维护条件等多方面因素进行耐久性设计。例如,可以采用耐腐蚀材料、合理设计构件的截面和连接方式、采用适当的涂装和防护措施等。同时,也需要对结构进行定期检测和维护,做好预防措施,及时发现和修复问题。设计过程中通常采取材料选择、保养维护措施制定等方式加以考虑。

5.2.4 结构构件其他评价指标

除上述内容之外,构件的设计还需要综合考虑经济性、可施工性、可维护性和对环境的影响等因素。

(1) 经济性:经济性是评价结构设计方案成本效益的重要指标。经济性是在安全性等功能要求满足的前提下,最小化建造成本,保证设计的经济效益最大化。一方面,如果降低成本实现经济效益提升可能会影响结构的质量,降低结构的可靠性,增大后期维护成本;另一方面,如果设计时过于追求建筑结构的复杂性和美观性,而不考虑经济成本和收益,会造成人力、物力的浪费。因此,需要充分进行成本估算和分析,采用合理的结构形式和材料,制订合理的设计方案并进行优化。

(2) 可施工性:构件设计应充分考虑施工的可行性、便利性和实际建造能力,包括可用材料、设备和劳动力的限制。如果设计出的构件过于复杂,加工和安装难度大,结构的施工过程效率低下,会延长施工时间。一般构件设计的形状和尺寸能够适应常规的加工和安装设备,尽量避免复杂的曲线形状、大范围的截面变化或复杂的细节部分;钢筋混凝土结构中控制钢筋的种类,合理布置钢筋位置;采用标准构件或预制构件进行装配式施工,可以缩短工期,保证施工质量。

(3) 可维护性:可维护性是指构件在后期维护和检修过程中的便捷性,良好的可维护性设计可以降低维护成本和时间,并延长结构的使用寿命。在构件设计中,如果对可维护性考虑不足,可能会导致维修困难、维护成本高等问题。或者没有考虑使用环境的因素,导致耐久性降低,维护频率增加和维护成本上升。在装配式建筑施工过程中,合理的维护设计可以改善施工效率。例如,可对特定构件采用易于更换的部件,选用合适的材料和设计合理的构造,以降低维修成本和时间。

(4) 对环境的影响:建造过程中会对环境产生负担,包括资源消耗、碳排放、废弃物产生等。人类社会面临的能源和环境污染问题日趋严重,绿色可持续的设计理念也已引入结构设计中。绿色建筑倡导在建筑项目生命周期内,减少对自然环境和生态的影响和破坏。设计中应充分考虑工程对环境的影响,并采取有效的措施来减少对环境的负面影响。例如,在建筑设计中,可以采用低碳材料或再生材料,采用节能技术和绿色建筑材料,优化设计方案,提高建筑的保温和隔热性能,以减少能源消耗和碳排放。

除上述指标外,还可根据实际情况考虑构件的各种性能需求,以获得既满足强度、刚度和稳定性要求,又具有经济性、可制造性和可维护性的最佳构件设计方案。

5.3 结构构件优化设计的目标和约束条件

5.3.1 结构构件优化设计的目标

结构构件优化设计的目标主要是在满足强度、稳定性、疲劳寿命等基本性能要求的前提下,尽可能地减小材料总用量或成本,提高构件强度和刚度,优化几何形状,并实现最优化设计。通常优化设计的目标有结构重量最轻、结构体积最小、结构造价最低、强度或刚度最大等,同时还需考虑制造和施工的便捷性。构件优化设计目标可分为性能指标和成本指标,为了结构的安全可靠,通过提高构件的性能指标可能会增加材料使用量、加工难度或采用高性能材料,从而导致成本指标上升。因此,需要根据具体的结构类型、使用条件和设计要求来进行性能与成本的权衡与调整。此外,在现代结构设计中,碳排放量的重要性不容忽视。

(1) 性能指标,包括强度、刚度、稳定性等。例如,优化目标为最大化构件强度,确保构件在承受工作荷载时具备足够的强度,可通过优化截面形状、增加加强件、调整材料厚度等方式,提高构件的抗弯、抗剪和抗扭等能力。优化目标为最大化构件刚度,以保证构件对外部荷载产生的变形尽可能小,以满足结构的稳定性和使用要求,可通过增加截面尺寸、调整截面形状、加强局部部位或增加支撑等方法来提高构件的刚度。优化目标为最大化构件稳定性,以确保构件在荷载作用下保持稳定,并避免发生屈曲或失稳,可通过设计适当的支撑、设置腹杆或增加稳定性增强件等方式来提高构件的整体稳定性。

(2) 成本指标通常指经济成本,如材料成本、建造成本、检测成本、维护成本、失效成本、全寿命成本等。例如,优化目标为最小化重量,通过合理的材料选择和截面设计,尽可能减少构件的重量,可有助于降低材料成本,并减轻整个结构系统的自重和造价。优化目标为考虑制造和施工便捷性,确保构件的形状和尺寸适应常规的制造工艺和施工过程,避免过于复杂的形状、大范围的截面变化或难以加工安装的细节设计,以提高构件的可制造性和施工效率,如钢筋布置。此外,还有预制件建造完成后的运输成本,建造完成后期的维护成本等。

(3) 碳排放量。过去,以经济性为目标的优化设计主要考虑了材料成本,而没有充分考虑结构在全生命周期内的碳排放量。这种方法可能会导致结构后期的综合总成本并不是最优的,同时也会对环境造成严重的影响。在构件优化设计中引入碳排放指标,可以更全面地评估设计方案的成本、环保和可持续性表现。通过考虑碳排放量,可以在经济性和环保之间寻求平衡,为结构设计提供更多维度的决策依据。在现代工程设计中,考虑碳排放指标已经逐渐成为一个必不可少的环节。

5.3.2 结构构件优化设计约束条件

约束条件是优化过程中必须考虑的设计边界和要求,确保得到的优化解是可行且符合工程实际的。构件优化设计中的常见约束条件有以下几点。

(1) 力学性能约束。首先,强度约束是最基本的,要求构件在受力状态下,其内部产生的应力不能超过材料的容许应力值,避免发生材料失效破坏。例如,梁、柱等主要承重构件的设计需要确保在各种可能出现的荷载作用下,混凝土与钢筋均不会达到其强度设计值。其次,刚度与变形约束也是关键的约束条件之一,构件应具有足够抵抗变形的能力,以保持结构的正常使用。例如,建筑设计中的楼板需要控制挠度在规定范围内,避免因过大变形影响建筑物的舒适度和安全性。再次,稳定性约束是防止构件在受力后出现失稳现象,结构构件需要满足一定的稳定性要求,如宽厚比、长细比等。这些关系是衡量构件稳定性的重要指标,需要满足规范要求。通过合理设计构件的截面形状、尺寸和布置方式,可以保证构件的稳定性,防止失稳破坏的发生。最后,构件的延展性也是重要约束条件,要求结构在遭受强烈冲击或地震作用时能够吸收并耗散能量,而不是突然发生脆性破坏。

(2) 几何尺寸约束。该约束是指在满足力学性能要求的同时,对构件的尺寸设定上下限或特定范围,以满足制造、运输、安装及使用过程中的实际需求和限制。从制造角度,构件的尺寸往往受限于材料本身的性质以及加工工艺的要求。考虑到运输和安装环节,构件的最大尺寸需要结合现有的运输工具和设备能力,以及现场安装条件来确定。例如,桥梁预制梁段的长度和重量就需要考虑起吊设备的承载能力和施工现场的空间限制。过大尺寸可能会增加材料消耗和施工难度,从而提高工程造价;过小尺寸虽然可能会节省材料,但若无法满足力学性能或其他功能性需求,则可能导致结构安全问题或者缩短使用寿命。

(3) 构造要求约束。在工程结构的构件优化设计过程中,构造要求是不可或缺的约束条件之一。例如,在混凝土结构中,保护层厚度是一项重要的构造约束条件,它规定了钢筋与周围混凝土之间的最小距离,旨在防止钢筋过早锈蚀,确保结构耐久性;钢筋间距和最小配筋率也是重要的约束参数,钢筋间距影响着混凝土浇筑质量、施工便捷性,最小配筋率能防止构件发生少筋破坏。因此,设计中必须遵循有关规范和标准中对钢筋间距和最小配筋率的要求。

(4) 经济性约束。以经济性作为约束条件,可以在设计过程中限制浪费和过度设计。将经济性作为优化目标与作为约束条件有所不同。将经济性作为优化目标,是以建造成本最小化为设计的主要目标,同时考虑其他性能要求的满足。这种方法注重在降低成本的同时,保持结构构件的基本性能和安全要求。将经济性作为约束条件更注重在一定成本下尽量提高结构和构件的性能,而将经济性作为优化目标更注重以降低成本为主要目标,同时考虑性能要求的满足。在工程实践中,应根据具体情况选择将经济性作为约束条件或优化目标。

5.4 结构构件性能智能设计*

在结构构件性能设计中,传统的设计过程里,对于简单的或受力机理清晰的问题,可以通过力学原理进行分析和推导,或通过半理论-半经验的方法,拟合得到相关的参数和经验公式。如钢筋混凝土结构正截面受弯承载能力、轴压承载力计算等问题,可以基于较少的假定条件建立其计算公式,并且计算公式一般简洁明了。然而,在受力机理复杂,影响因素较多时,进行简化计算和假定会忽略部分影响参数,使得计算公式的精度与实际存在较大偏差。而数据驱动的机器学习算法,可根据过去积累得到的大量试验数据(真实数据)和模拟数据(伪数据),挖掘数据样本的输入与输出的隐藏关系,更好地完成设计工作。

5.4.1 机器学习模型简介

构建机器学习(machine learning, ML)模型有三个主要步骤:准备数据库、学习和评估模型。可解释性机器学习的流程如图5-1所示。

(1) 用于构建 ML 模型的初始数据通常以输入变量和相应输出变量的形式呈现,这些变量在 ML 术语中通过特征(输入变量)和标签(输出变量)进行表征。例如,在预测结构的行为时,其几何尺寸和材料属性被归类为特征,而其极限强度和挠度则被用作标签。一些 ML 算法要求所有输入数据在[0,1]范围内缩放,以获得更好的性能。为了测试 ML 模型的性能,初始数据被随机拆分为训练和测试数据集,划分比例一般取 30%~70%,训练集用于训练预测模型,而测试集则用于评估所生成的模型的性能。

（2）选择合适的机器学习算法，基于训练集进行模型训练。为了寻找最优的超参数，采用网格搜索和十折交叉验证方法进行参数优化：先初定模型参数的相关范围，利用穷举法来将所用的参数都运行一遍，以寻求最优效果值；同时，为了避免随机划分训练集所带来的偏差，将训练集划分为 10 折，每次用 9 折训练、1 折验证，依次运行 10 次取平均值来表示每组参数的泛化性能。

（3）完成 ML 模型训练后，使用测试数据集评估其性能。损失函数用作性能指标，用于衡量预测值与其实际值的距离。确定最优参数后，利用验证集来评估模型的真实性能。对于分类问题，预测模型性能的评价指标一般为准确率（accuracy）、精度（precision）、召回率（recall）、混淆矩阵（confusion matrix）等，准确率表示分类正确的样本数占所有样本的比例，精度表示被分为正的样本中实际为正的比例，召回率表示实际为正的样本中被预测为正样本的概率，混淆矩阵则为预测的结果的直观展示；而对于回归问题，模型的性能评级指标一般为决定系数（R2）、均方根差（MSE）、均方根误差（RMSE）、均绝对误差率（MAPE）等，均为基本的数理统计指标。可通过 SHAP 方法解释每个特征对预测结果的贡献，增加模型的可信度。

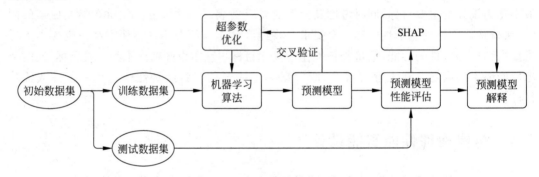

图 5-1　可解释性机器学习流程

1. 支持向量机

支持向量机（SVM）由 Boser 等于 1992 年首次引入，用于分类问题，使用非线性分类器。SVM 还针对回归问题（称为支持向量回归）和聚类任务（称为支持向量聚类）进行了扩展。而今，SVM 技术广泛用于分类目的。

SVM 算法背后的基本思想是区分数据特征组（称为向量），然后找到一个具有最大余量（即两组支持向量之间的最大距离，如图 5-2 所示）的最佳分离超平面。即 SVM 通过在特征空间中找到一个超平面来将不同类别的数据进行划分。最大化不同类别数据之间的边缘（margin）的超平面，使得任何一个新的数据点都可以被正确地分类。其中，边缘是指两个不同类别数据点之间的距离，超平面是指将特征空间划分成两个部分的线性分界面。

位于边缘的数据点称为支持向量，它影响超平面的位置和方向。使用支持向量机旨在通过支持向量使利润最大化。支持向量回归（SVR）应用与 SVM 相同的原理，但用于回归问题。SVR 算法使用线性回归找到最适合决策边界内数据点的函数。最佳拟合线是在阈值 ε 内具有最大数据点数的超平面。

在大多数实际应用中，数据不是线性可分离的，因此不可能找到分离的超平面。对于非线性问题，SVM 可以通过核函数（kernel function）来将样本映射到高维空间中，从而实现非线性分类。常用的核函数有线性核、多项式核、径向基函数核等。

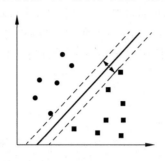

图 5-2 支持向量机

SVM 的特点是可以解决高维空间中的问题,适合处理特征数目比样本数目大的情况。在处理小样本时具有较好的泛化能力,可以有效避免过拟合问题。由于 SVM 的优化问题是凸优化问题,因此可以保证收敛性和全局最优解。SVM 的分类结果只与少数支持向量有关,因此在处理大规模数据时具有较好的计算效率。

2. K 近邻

K 近邻(KNN)是一种非参数、惰性的机器学习算法。非参数指算法不需要训练参数,即模型不会对数据作出任何的假设,而惰性指模型不会估计在训练阶段概括训练数据的模型的参数。一个样本与数据集中的 k 个样本最相似,如果这 k 个样本中的大多数属于某一个类别,则该样本也属于这个类别,即每个样本都可以用它最接近的 k 个邻居来代表。它通过对训练集中 k 个近邻的输出值进行插值来预测输出值,输出值可以用闵可夫斯基距离度量,其中 $p=1$ 和 $p=2$ 分别对应欧几里得距离(最短直线距离)和曼哈顿距离(类似城市街区路线)。KNN 模型中需要微调的一个关键超参数就是最近邻的数量 k。

KNN 算法可以概括为以下几个步骤:

步骤 1:选择 k 值。k 表示选择多少个最近邻样本进行投票。

步骤 2:计算距离。使用欧几里得距离、曼哈顿距离等距离度量的方式来衡量实例之间的相似性或差异性。

步骤 3:寻找最近的 k 个邻居。对于给定的测试样本,计算其与训练集中每个样本的距离,并选取距离最近的 k 个样本作为其邻居。

步骤 4:生成结果。对于分类问题,以最多样本的标签为测试样本的标签(或类别)。对于回归问题,测试样本的标签(或预测值)等于 k 个训练样本的均值。

3. 决策树

决策树(decision tree,DT)是一种典型的监督机器学习算法,包括根节点、决策节点和终端节点,如图 5-3 所示。DT 是根据分割属性对特征空间进行递归分割,直到所有样本都对应同一类别或没有需要分割的特征为止。树的深度对 DT 模型的计算时间和复杂度有很大影响。因此,最大深度是 DT 模型中需要调整的关键超参数。此外,叶节点的最大数量、最小分割样本数量和其他关键超参数也包括在内。

4. 随机森林

随机森林(random forest,RF)是一种集合学习的装袋方法。集合学习可以生成多个预测模型,然后按照一定的规则将它们组合成一个强学习器,实践证明,这种方法明显优于KNN和DT等单一学习方法。RF通过多个DT组成,然后随机选择特征来构建独立的树,并对森林中所有树的结果进行平均,如图5-4所示。与DT相比,RF的训练速度更快,还能降低DT中的过拟合风险。通过使用大量树,RF的训练速度比DT快,但对训练后的模型进行预测的速度相当慢。

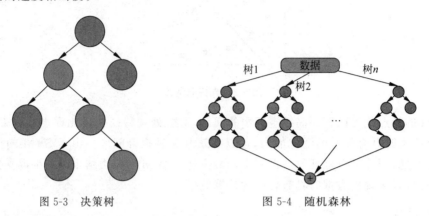

图 5-3 决策树　　　　　　　　图 5-4 随机森林

5.4.2 基于数据的机器学习静力性能预测

1. 穿孔钢梁弹性屈曲荷载数据集[48]

带有腹板开口的穿孔钢梁(也称蜂窝梁)在建筑结构中有大量应用。与具有实心腹板的钢梁相比,蜂窝梁具有多项优势,如腹板开口可以有效减轻钢梁的自重,降低结构的整体重量。这对于大跨度的结构、需要较大荷载承载能力的建筑物和桥梁等工程项目尤为重要。减轻结构自重不仅可以节约材料成本,还可以减少施工负荷和运输负担。另外,腹板开口可以提供空气流通,为通风、电缆、水管等集成公用通道设施。开口形式有六边形、八边形、圆形和矩形等,过去六边形的开孔使用较多,在现代结构中多采用圆形开口的蜂窝梁。但是多个大开口会导致梁的剪切强度显著降低,并引入额外的可能破坏模式,这使得蜂窝梁的屈曲行为和设计变得复杂。蜂窝梁的主要破坏模式包括费氏塑性铰破坏(Vierendeel mechanism,VM)、孔间腹板屈曲(web post buckling,WPB,也称墩板屈曲)、整体弯扭失稳(lateral torsional buckling,LTB)、畸变屈曲破坏(lateral distortion buckling,LDB)以及腹板水平焊缝的断裂破坏等。

弹性屈曲荷载 w_{cr} 数据集包括3645个样本,这些样本来源于经过了实验数据验证的有限元模拟结果。弹性屈曲数据集的输入参数包括梁的几何尺寸:梁跨长 L,梁高 H,翼缘宽度 b_f,翼缘厚度 t_f,腹板厚度 t_w,开孔直径 D_0,腹板开孔间距 W_p,开孔端距 L_{ed},如图5-5所示。

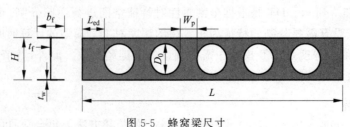

图 5-5 蜂窝梁尺寸

相关矩阵(correlation matrix)列出两个变量之间的线性相关性(此处采用 Pearson 相关系数),取值范围为[-1,1],取值为-1,表示完全负线性相关,而取值 1 表示完全正线性相关,0 表示没有线性相关性。其优点在于计算速度非常快,适用于大规模数据的处理,但缺点在于如果两个变量关系是非线性的,即使两个变量具有一一对应的关系,Pearson 相关系数也可能会接近 0。

图 5-6 为蜂窝梁弹性屈曲荷载的相关矩阵。跨度长度 L 与 w_{cr} 的负线性相关最高,其相关系数为-0.67。所有其他变量都与 w_{cr} 的相关性较弱,相关系数不超过 0.38。D_0 与 H 有很强的正相关关系,因为 D_0 在数值参数研究中,其值设置为 H 值的分数。所有其他数据集变量之间的相关性较弱。通过相关矩阵进行输入特征的相关性分析,寻找最优的特征子集,剔除不相关或者冗余的特征,减少特征的数量,从而提高模型精度和减少计算时间。

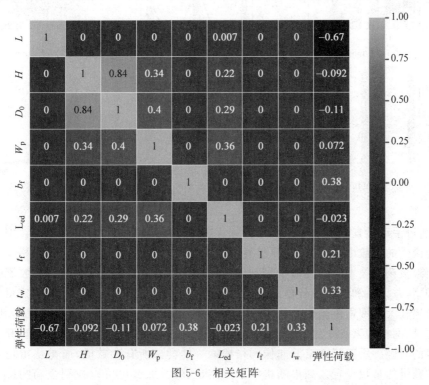

图 5-6 相关矩阵

图 5-7 为蜂窝梁弹性屈曲荷载 w_{cr} 数据集中的参数分布表明,该数据集涵盖了建筑中广泛使用的蜂窝梁尺寸。

2. 模型训练

选择 6 种常见的监督式机器学习算法预测蜂窝梁的弹性屈曲荷载 w_{cr},数据由输入参数(也称为特征)和一个或多个输出值(也称为目标)组成。评估的六种机器学习算法包括决策树、随机森林、k 近邻、极端梯度提升(XGBoost)、轻度梯度提升机(LightGBM)和具有分类特征支持的梯度提升(CatBoost)。这些算法通常用于开发预测性机器学习模型。它们基于不同的原理,当用于不同的问题时,可能会导致不同的性能。一种算法在一个问题上的预测准确性可能比其他算法更好,而在另一个问题上的性能较差。因此,找到一种最适合给定问题的算法及其最佳超参数非常重要。

超参数有四种搜索方法:传统手动设置、网格搜索、随机搜索和贝叶斯搜索。①传统的

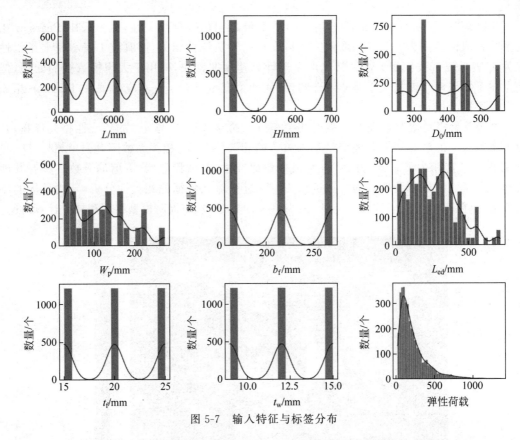

图 5-7 输入特征与标签分布

调优中,通过手动检查随机超参数集来训练算法,并选择最适合目标的参数集。但是这不能保证得到最优的参数组合,并且需要反复手动设置,会消耗更多的时间。②网格搜索是一种基本的超参数调整技术。它类似于手动调优,为网格中指定的所有给定超参数值的每个排列建立模型,并评估和选择最佳模型。通过查找搜索范围内的所有的点,来确定最优值。一般通过给出较大的搜索范围以及较小的步长,网格搜索是一定可以找到全局最大值或最小值的。但是,网格搜索一个比较大的问题是,它十分消耗计算资源,特别是需要调优的超参数比较多的时候。③随机搜索并非像网格搜索一样尝试所有参数值,而是从指定的分布中采样固定数量的参数设置。如果随机样本点集足够大,那么也可以找到全局的最大值或最小值,或它们的近似值。通过对搜索范围的随机取样,随机搜索一般会比网格搜索要快一些。但是随机搜索的结果不能保证是最优参数。④贝叶斯搜索是给定优化的目标函数,通过不断地添加样本点来更新目标函数的后验分布。即考虑了上一次参数的信息,从而更好地调整当前的参数。缺点是增加搜索空间维数需要更多的样本。

3. 预测结果

图 5-8 显示了不同机器学习算法在训练集和测试集上的预测结果。可以看出,如果预测值与实际值之间的关系接近对角线 $y=x$,则表明预测结果与实际值之间的误差较小。大多数训练好机器学习模型都能对所有数据集进行准确预测。与其他机器学习模型相比,KNN 的预测结果较为分散,在测试集上误差较大,准确性较低。表 5-1 为不同算法的指标,各模型在训练集上的 R2 均在 0.99 以上,其中 XGBoost 的交叉验证达到 0.993。在测试集上 R2 均在 0.91 以上,其中 XGBoost 的 R2 达到 0.996。

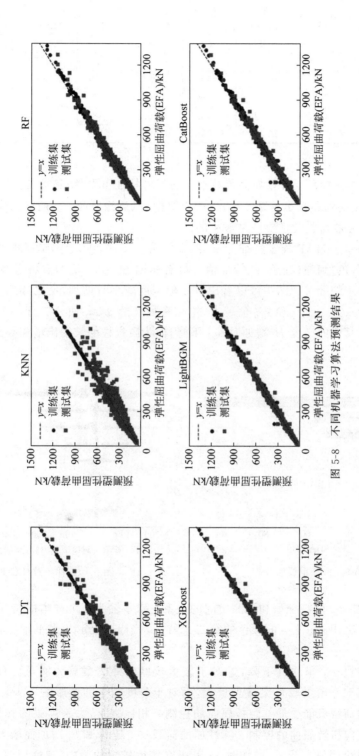

图 5-8 不同机器学习算法预测结果

彩图 5-8

表 5-1　不同 ML 算法指标对比

算法	训练集					测试集			
	RMSE	MAE	MAPE	R2	CV10	RMSE	MAE	MAPE	R2
DT	0.000	0.000	0.000	1.000	0.955	35.014	17.518	0.065	0.964
KNN	0.000	0.000	0.000	1.000	0.913	54.495	32.465	0.137	0.912
RF	9.278	4.647	0.020	0.997	0.981	20.308	11.928	0.049	0.988
XGBoost	3.786	2.340	0.012	1.000	0.993	12.271	6.168	0.025	0.996
LightBGM	8.817	4.959	0.026	0.998	0.991	14.183	7.844	0.035	0.994
CatBoost	11.314	6.382	0.031	0.996	0.992	14.364	8.147	0.035	0.994

4. 可解释性

图 5-9 为预测钢蜂窝梁弹性屈曲荷载 w_{cr} 的相对特征重要性,跨度长度 L 具有最重要的重要性,随后重要的参数是翼缘宽度 b_f、腹板厚度 t_w、翼缘厚度 t_f。而梁的高度 H 和开孔端距 L_{ed} 对弹性屈曲荷载的重要性是最小的。

图 5-10 所示的 SHAP 样本特征分布,图上的每个点都表示数据集样本的 Shapley 值。颜色表示从低(蓝色)到高(红色)的特征值。具有相同 Shapley 值的点将垂直分散,以显示它们在每个要素中的分布。图中可以看出 w_{cr} 随跨度减小时增加,反之亦然。宽翼缘的蜂窝梁具有更高的 w_{cr}。t_w、t_f 和 W_p 值越大,结构有更高的 w_{cr}。而开口直径 D_0 的增加 w_{cr} 反而会减少。蜂窝梁的高度 H 增加时 w_{cr} 下降,因为腹板柱的长细比增加导致弹性屈曲荷载的降低。

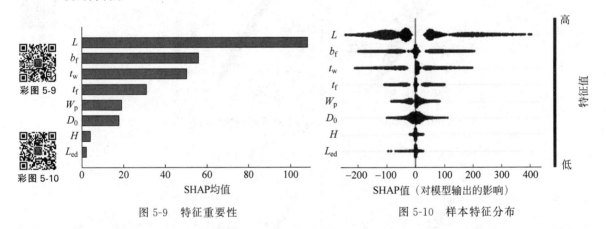

图 5-9　特征重要性　　　　　图 5-10　样本特征分布

图 5-11 给出 w_{cr} 的特征值和预测之间的关系。水平轴为每个样本的特征值,左垂直轴为 SHAP 值,右轴对应每个点的颜色的第二个特征,该特征表示与水平轴特征具有最高的交互作用。

L 的增加导致 w_{cr} 呈线性下降,这对于腹板较厚的蜂窝梁更为明显。H 的增加导致 w_{cr} 的减少,尤其对于跨度较短梁减少量大,而对于跨度较大的梁影响不大。这表明,短跨度梁的弹性屈曲荷载可能受局部腹板屈曲的控制。相比之下,大跨度梁的弹性屈曲荷载可能受梁的整体横向扭转屈曲的控制。弹性屈曲荷载 w_{cr} 随 t_f 和 b_f 增加而增大,特别是对于腹板较厚的梁更为明显。当 t_w 增加时,尤其是在跨度较短的梁中,弹性屈曲荷载 w_{cr} 增加明显。

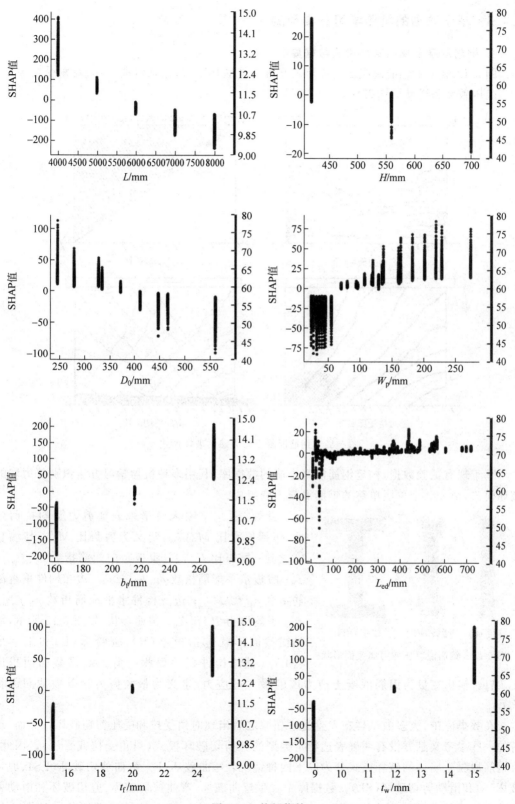

图 5-11 特征依赖

5.4.3 基于数据的机器学习分类预测

1. 钢筋混凝土墙的破坏模式数据集[49]

图 5-12 显示了钢筋混凝土剪力墙的几种传统破坏模式,包括弯曲破坏、对角受拉破坏、对角受压破坏和滑动剪切破坏。

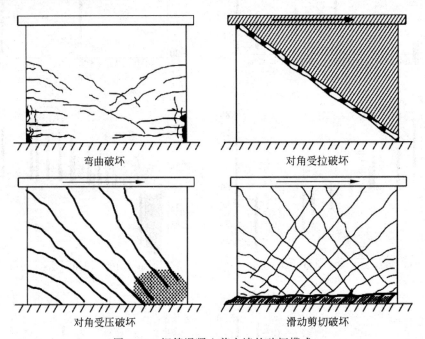

图 5-12 钢筋混凝土剪力墙的破坏模式

基于现有试验数据,构建钢筋混凝土墙的数据库,利用多种机器学习方法识别剪力墙的破坏模式,由 393 个单层单跨的钢筋混凝土墙组成。

图 5-13 钢筋混凝土剪力墙截面形状

此处,用 9 个输入变量来表征剪力墙的抗剪强度,包括长宽比 M/Vl_w,定义为剪跨比 M/V 与墙长 l_w 之比;宽厚比 l_w/t_w;腹板竖向配筋指数 $\rho_{vw}f_{y,vw}/f'_c$;腹板水平配筋指数 $\rho_{hw}f_{y,vw}/f'_c$;边缘构件垂直配筋指数 $\rho_{vc}f_{y,vc}/f'_c$;边缘构件水平配筋指数 $\rho_{hc}f_{y,hc}/f'_c$;平均压力 P/f'_cA_g;截面形状(如图 5-13 所示,墙的横截面形状包括矩形(R)、哑铃形(B)和工字形(FL));边缘构件截面面积与剪力墙横截面面积比 A_b/A_g。输出变量为钢筋混凝土剪力墙的最大剪应力,定义为最大剪力除以横截面面积 V_n/A_g。

在数据库中,大多数试样在发生受弯屈服之后出现对角受拉和受压剪切破坏。然而,现有的一些参考文献并没有明确表达特定类型的纯剪切破坏模式(对角受拉或受压)。因此,将钢筋混凝土墙体的破坏模式分为以下四种情况:弯曲破坏(F)、弯曲剪切破坏(FS)、剪切破坏(S)和滑动剪切破坏(SL)。数据库中发生弯曲破坏、弯曲剪切破坏、剪切破坏和滑动剪切破坏的试件数量分别为 152 个、96 个、122 个和 23 个。输入特征和标签分布如图 5-14

所示。

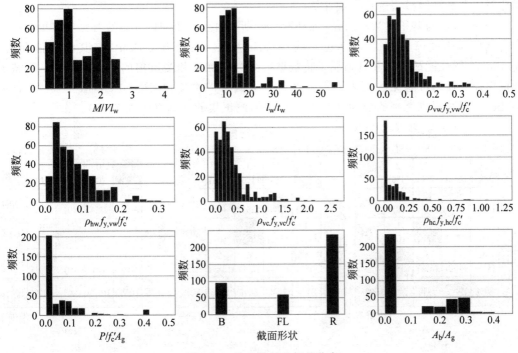

图 5-14 输入特征和标签分布

2. 模型训练

采用 8 种机器学习模型建立最佳失效模式分类算法：①朴素贝叶斯、②KNN、③决策树、④随机森林、⑤AdaBoost、⑥XGBoost、⑦LightGBM 和⑧CatBoost。

3. 分类结果

混淆矩阵是观察到的故障模式与预测的故障模式的表格。混淆矩阵中的每个元素 C_{ij} ($i=1:4, j=1:4$) 等于已知处于故障模式 i 但预测为故障模式 j 的观测值数。因此，混淆矩阵中的对角线元素表示机器学习算法正确分类的故障模式，而非对角线元素表示未正确预测的故障模式。此处使用三种性能指标来评估模型的性能：准确率、精确度和召回率。准确率是模型正确预测的分数，即准确度是正确失效模式预测的数量与总失效模式预测的数量比值，在混淆矩阵的指数(5,5)中给出。机器学习算法正确分配的故障模式的百分比称为精确度，在混淆矩阵的第 5 行中给出。由机器学习算法正确分配的实际故障模式的百分比称为召回率，在混淆矩阵的第 5 列中给出。值得注意的是，准确率是机器学习方法性能的全局度量，而精确度和准确率特定于每个故障模式。模型中的准确率、精确度和召回率较高，表明它可以正确识别故障模式，并且可以得出以下推论。

随机森林模型的准确率最高，测试集的准确率为 86%，其次是 KNN(85%) 和 CatBoost(84%)。基于树的模型具有更好的性能这一事实表明了分隔失效模式的复杂非线性决策边界。

弯曲-剪切失效模式的识别通常很困难，随机森林模型在识别测试集中的弯曲-剪切失效模式时具有 70% 的召回率和 84% 的准确率。对于弯曲-剪切失效模式，只有决策树模型比随机森林模型具有更高的召回率，但对于弯曲-剪切失效模式，它的代价是精度低。

与基于袋装的随机森林模型相比，AdaBoost、XGBoost、LightGBM 和 CatBoost 等梯度

提升方法并未提高模型的性能。这凸显了在建立基于机器学习的故障模式识别模型之前，需要对简单和高级模型进行详细评估。

一般来说，与基于参数的方法（如朴素贝叶斯）相比，基于树的非参数方法具有更好的性能。这是因为故障方法之间存在非线性决策边界。在提升方法中，与其他方法相比，AdaBoost 的性能最低。并且强调了将数据拆分为训练集和测试集的重要性。仅基于整个数据集训练模型可能无法对未知数据产生令人满意的性能，如图 5-15 和图 5-16 所示（如 XGBoost 模型对训练集的准确率为 100%，但对测试集的准确率仅为 83%）。

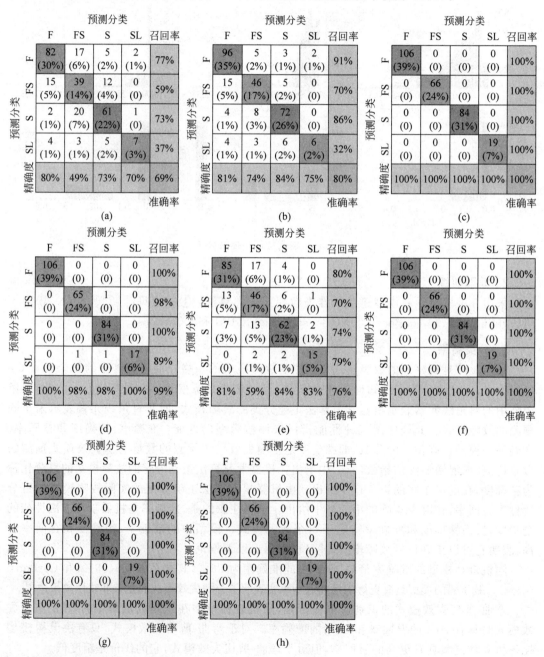

图 5-15 训练集预测结果

(a) 朴素贝叶斯；(b) KNN；(c) 决策树；(d) 随机森林；(e) AdaBoost；(f) XGBoost；(g) LightGBM；(h) CatBoost

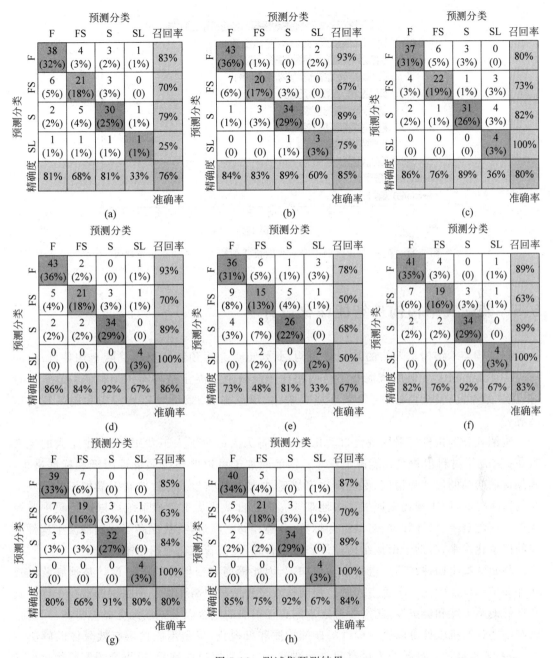

图 5-16 测试集预测结果

（a）朴素贝叶斯；（b）KNN；（c）决策树；（d）随机森林；（e）AdaBoost；（f）XGBoost；（g）LightGBM；（h）CatBoost

  基于随机森林在脆性剪切破坏模式识别方面的整体准确性和一般性能，建议将随机森林模型作为剪力墙破坏模式识别的机器学习模型。为了评估输入参数对随机森林模型性能的影响，进行了进一步的分析以确定输入参数的重要性，如图 5-17 所示，剪跨比、含钢率和长宽比是决定剪力墙破坏模式的关键因素。与其他参数相比，截面形状对破坏模式的影响较小。

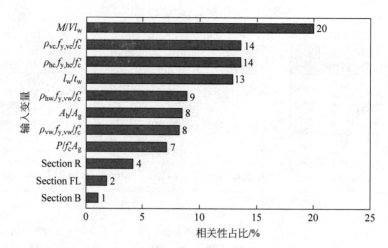

图 5-17 随机森林模型中影响失效模式的输入参数的相对重要性

5.5 装配式结构构件智能深化设计 *

钢结构与木结构是天然的装配式结构,此处重点介绍预制装配式混凝土构件(precast concrete elements)。装配式混凝土结构相比传统现浇混凝土结构有以下优点:建筑质量好、施工效率高、安全性好、受气象环境影响小、绿色施工、减小对环境污染和施工现场整洁等。

装配式预制构件厂采用现代自动化加工设备大大减少了人工费用,提高了工人的生产效率;降低了材料浪费率和能源消耗率;钢筋的加工可以严格按照设计图纸和标准进行,确保钢筋产品的尺寸和精度,保证高效率加工,加快施工进度;有效控制钢筋加工与下一工序的衔接时间,解决现场钢筋加工占地难题。钢筋自动化加工管理系统可以进行集中监控生产和调配资源、统计数据、自动打印标签、分类存储与配送,有效提高了预制混凝土构件制作的信息化水平,有助于衔接结构设计和施工管理,提高智能化建造水平。

预制混凝土构件在工厂进行自动化加工,因此钢筋和预埋件的排布设计是预制装配式构件和结构设计中的一个重点问题。预制构件设计工程中需要保证预制钢筋混凝土构件具有良好的施工性和经济性,还需要考虑不同直径钢筋的组合以及钢筋的无碰撞排布。目前,已有一些计算机软件可以进行构件的碰撞检测和可视化,但是不能提供有效具体的解决方案,需要工程设计人员耗费大量时间进行调整。为了克服这些难题,以下介绍配筋优化设计中的一些智能算法。

5.5.1 配筋优化的邻域算法

1. 邻域算法(neighborhood field optimization,NFO)[50]

在生物群落中,个体经常在有限的视觉和听觉范围内与邻居交流。倾向于在周边地区收集信息并与邻居交换信息,在邻域中搜索后代的局部搜索方法可以模拟这种局部现象。NFO 考虑这一现象,在搜索过程中每个个体只在搜索空间中与邻居共享信息,并且会被其优越的邻居吸引,并被其下级邻居排斥到更适合的区域。合成方向近似于目标函数的下降方向。

计算步骤如下：

(1) 初始化：包括种群大小 N、最大迭代次数 G、学习率 α；初始化种群,在给定的搜索范围中随机生成初始解。

(2) 定位：针对第 G 代的每个个体 $x_{i,G}$,找到优越的邻居 $x_{ci,G}$ 和劣等邻居 $x_{wi,G}$(在搜索空间中),公式如下：

$$\begin{cases} x_{ci,G} = \arg\min_{f(x_{k,G})<f(x_{i,G})} \|x_{k,G}-x_{i,G}\| \\ x_{wi,G} = \arg\min_{f(x_{k,G})>f(x_{i,G})} \|x_{k,G}-x_{i,G}\| \end{cases} \tag{5-1}$$

式中, $x_{k,G}$ 表示满足适应度函数关系 $f(x_{k,G})<f(x_{i,G})$ 或 $f(x_{k,G})>f(x_{i,G})$ 的个体集合；$\|x_{k,G}-x_{i,G}\|$ 表示两个个体之间的欧式距离。

(3) 变异：扰乱每个个体,使算法有一定局部随机搜索能力。

$$v_{i,G} = x_{i,G} + \alpha \cdot \text{rand} \cdot (x_{ci,G}-x_{i,G}) + \alpha \cdot \text{rand} \cdot (x_{ci,G}-x_{wi,G}) \tag{5-2}$$

式中, $v_{i,G}$ 是个体变异之后的新个人(突变载体)；rand 是介于[0,1]之间的随机变量。

(4) 交叉：将突变载体和目标载体重新组合：

$$u_{j,i,G} = \begin{cases} v_{j,i,G}, & \text{if rand}(0,1) \leqslant C_r \text{ or } j = j_{\text{rand}} \\ x_{j,i,G}, & \text{otherwise} \end{cases} \tag{5-3}$$

式中, $j = 1, 2, \cdots, D$ 是个体的维度；C_r 是交叉概率；j_{rand} 表示区间$[0,j]$某随机纬度,即接受新突变向量的随机分量,使得试验向量与目标向量不同。

(5) 选择：在下一代种群中选择更优适应度的个体,公式如下：

$$x_{i,G+1} = \begin{cases} u_{i,G}, & f(u_{i,G}) \leqslant f(x_{i,G}) \\ x_{i,G}, & \text{otherwise} \end{cases} \tag{5-4}$$

(6) 若不满足停止条件,跳转步骤(2)重复执行。

2. 钢筋的组合优化[47]

进行结构设计时,先根据设计规范进行分析计算,得到钢筋混凝土构件中所需要的配筋总面积。然后需要根据常用钢筋列表选择合适直径的钢筋进行配筋,所配钢筋的总面积一般不低于计算要求的钢筋总面积,也不宜过高从而造成材料浪费,差值控制在 5% 以内较为经济。通常会选择不同直径的钢筋进行组合使用。如果钢筋数量过多,会增加钢筋的放置和绑扎时间,降低生产效率。同时也会影响混凝土的流动性,不利于混凝土的浇筑。但是钢筋数量如果较少,也不利于混凝土构件的裂缝控制。钢筋的直径类型如果过多,需要耗费较多人工挑选钢筋,尤其现场施工中施工人员容易挑错钢筋。因此,一般同一构件的钢筋类型不超过 2 种直径类型。

钢筋混凝土梁的纵向钢筋可分为四部分：深入左侧支座顶部的钢筋 A_{Blt},深入右侧支座顶部的钢筋 A_{Brt},梁顶部通长钢筋 A_{Bt} 和底部通长钢筋 A_{Bb} (图 5-18)。

钢筋混凝土柱的纵向钢筋可分为三部分：柱角纵筋 A_{Cc},左右侧柱边钢筋 A_{Cx} 和上下侧柱边钢筋 A_{Cy} (图 5-19)。

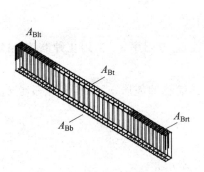
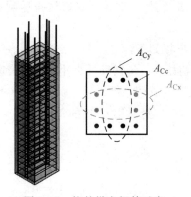

图 5-18　梁的纵向钢筋示意　　　　图 5-19　柱的纵向钢筋示意

对于某一钢筋混凝土(RC)构件的钢筋组合建立其优化模型,以钢筋总面积为目标函数

$$\min F = \sum_{i=1}^{N} \pi d_i^2 / 4$$

式中,F 为钢筋组合优化的目标函数(mm^2);d_i 为第 i 根钢筋的直径(mm);N 为钢筋的数量(根)。

在优化中,考虑其约束条件,引入罚函数与目标函数构成优化模型的适应度函数。4 个约束条件及其罚函数为[51]:

(1) 钢筋组合的总面积应超过并接近于计算配筋总面积,对应罚函数 P_a

$$P_a = \begin{cases} \left(\dfrac{A_{\text{provided}}}{A_{\text{required}}}\right)^2, & A_{\text{provided}} \geqslant A_{\text{required}} \\ \inf, & A_{\text{provided}} < A_{\text{required}} \end{cases} \tag{5-5}$$

式中,A_{provided}、A_{required} 分别表示钢筋组合总面积和计算所需配筋总面积(mm^2)。

(2) 钢筋根数的罚函数 P_r

$$P_r = \left(\frac{N}{N_{\max}}\right)^2 \tag{5-6}$$

式中,N 为钢筋的数量(根);$N_{\max}$ 为允许钢筋的最大数量(根)。

(3) 钢筋直径的罚函数 P_d

$$P_d = \left(\frac{N_d}{2}\right)^2 \tag{5-7}$$

式中,N_d 为钢筋直径种类数量。

(4) 钢筋组合的罚函数 P_c

$$P_c = \begin{cases} N_c, & 钢筋组合不存在 \\ 1, & 钢筋组合存在 \end{cases} \tag{5-8}$$

式中,N_c 表示钢筋组合的数量。

将上述 4 个罚函数引入目标函数中,构建惩罚目标函数 F':

$$\min F' = (P_a + P_r + P_d + P_c) F \tag{5-9}$$

采用映射的方法将常用钢筋进行编号,详见表 5-2。列出了 7 种钢筋直径,整数 0 代表无钢筋,整数 1 代表钢筋直径为 12mm,整数 7 代表钢筋直径为 25mm。钢筋直径是离散的,钢筋组合实际上是离散优化问题。然而,连续设计问题的数学规划方法不能直接应用于离散变量问题,因为梯度无法通过解析获得。为了将数学规划应用于离散设计问题,在优化过程中需要将离散变量转化为连续变量,以计算梯度。将离散的编码转化为一组连续的整数,采用四舍五入的策略,将钢筋组合离散优化的问题转化为连续优化问题。

表 5-2 钢筋直径编码

整 数	钢筋直径/mm	变化范围
0	0	[−0.49,0.49]
1	12	[0.5,1.49]
2	14	[1.5,2.49]
3	16	[2.5,3.49]
4	18	[3.5,4.49]
5	20	[4.5,5.49]
6	22	[5.5,6.49]
7	25	[6.5,7.49]

5.5.2 钢筋排布的智能体路径规划方法

如果把每根钢筋视为一个智能体,智能体从起点到终点走过的路径视为钢筋的形状,就此将钢筋排布设计问题转化为多智能体路径规划问题。智能体在钢筋混凝土结构内由起点导航到终点,智能体绕过柱、梁不同方向的纵筋,不产生碰撞的路径就是无碰撞钢筋的具体形状,以此实现预制混凝土构件的钢筋排布优化设计。

1. 多智能体路径规划研究现状

多智能体路径规划(multi-agent path finding,MAPF)是一类寻找多个智能体从起始位置到目标位置且无冲突的最优路径集合的方法,主要的应用场景是仓储物流、自动驾驶车联网、管道布线、无人机编队等众多领域[52]。MAPF 关键在于多个智能体同时沿着规划的路径行进而不会发生冲突,即以最小路径、最少碰撞等作为优化目标。MAPF 属于较为复杂的组合优化问题,该问题的状态空间随着问题中智能体的增多而呈现指数级增长,已被证明是 NP-hard 问题。经典的 MAPF 优化目标函数包括最晚到达目标位置的智能体所花费的时间、时间总和、路径长度总和,分别用以下公式表示:

$$\max_{1 \leqslant i \leqslant k} t(\pi_i) \tag{5-10}$$

$$\sum_{1 \leqslant i \leqslant k} t(\pi_i) \tag{5-11}$$

$$\sum_{1 \leqslant i \leqslant k} l(\pi_i) \tag{5-12}$$

根据规划方式不同,MAPF 可分为集中式规划算法和分布式执行算法。集中式规划算法的前提是假设中央规划器掌握了全局的信息,包括智能体的起始位置、目标位置和障碍位置等。集中式规划算法主要分为基于 A* 搜索、基于冲突搜索、基于代价增长树和基于规约的 4 种算法。分布式执行算法运用了深度强化学习等算法,相比集中式规划算法需要收集地图学习和所有智能体的学习来规划最优的路径,分布式算法采用去中心化的方法,通过和一定距离内的其他智能体和环境进行交互来规划路径。

1) A* 搜索

A* 是一种经典的启发式搜索算法,是 Dijkstra 算法的扩展形式。Dijkstra 算法用于计算一个节点到其他节点的最短路径,采用贪婪算法的思想,通过逐步扩展离起始节点最近的节点来逐步确定最短路径。以起始点为中心向外层层扩展,直到终点。为了保证最终搜索到最短路径,在每一次迭代中对起始节点到所有遍历到的点之间的最短路径进行更新。图 5-20 表示寻找 A 到 E 的最短路径图,每条边代表一条路径,边上的数值表示路径的长度。

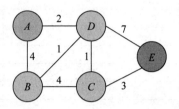

图 5-20 节点连接示意

图 5-20 的邻接矩阵如表 5-3:

表 5-3 邻接矩阵

节点	A	B	C	D	E
A	0	4	∞	2	∞
B	4	0	4	1	∞
C	∞	4	0	1	3
D	2	1	4	0	7
E	∞	∞	3	7	0

假如要计算 A 到其他节点的最短路径,建立其距离组(dis),后续计算中对此进行更新。A 连接的点为 B 和 D,其中 $dis[A \to B]=4$,$dis[A \to D]=2$,此时距离 A 最近的是点 D。

节点	A	B	C	D	E
DIS(A)	0	4	∞	2	∞

对于 D 点,相邻点为 $<A,B,C,E>$,D 点到相邻点的距离 $<2,1,1,7>$。根据条件,A 点可通过 D 到 B 点,距离为 $dis[A \to D \to B]=3$,小于 $dis[A \to B]=4$,更新 $dis[B]$ 的值 4 为 3。A 点可通过 D 到 C 点,距离为 $dis[A \to D \to C]=3$,同理 $dis[A \to D \to E]=9$,更新 dis。

节点	A	B	C	D	E
DIS(A)	0	3	3	2	9

从起始点开始,最近距离 $dis[B]=dis[C]=3$,可取 B 为最近点。继续计算最小距离和更新 dis。A 点可通过 D、C 到 E 点,距离为 $dis[A \to D \to C \to E]=6$。最终得到的 A 点到各点的最短距离。

节点	A	B	C	D	E
DIS(A)	0	3	3	2	6

Dijkstra 算法在更新中是无方向性的，即更新过程与终点无关，而 A* 算法以预估代价的方式将终点加入到总体代价中，更新具有指向性。A* 算法原理简单，易于实现，在小规模的智能体环境中有非常优秀的鲁棒性。但是其对多维度的规划问题求解速度慢，空间代价高。

2）基于冲突搜索（conflict based search，CBS）算法

基于冲突搜索算法是目前最常用的算法。MAPF 的首要目标是找到所有智能体的路径规划，且不存在冲突，为此引入了冲突的概念，常见冲突类型有 5 种（图 5-21）：①边冲突：同一时间两个智能体同时穿越边；②顶点冲突：同一时间，两个智能体同时占据顶点；③跟随冲突：一个智能体的下一步顶点是另一个智能体当前占据的顶点；④循环冲突：智能体产生一圈的跟随冲突；⑤交换冲突：两个智能体交换位置。CBS 通过构建一棵二叉搜索树查找解，由高层搜索和底层搜索两层搜索组成：底层搜索为每个智能体搜索出一条有效路径，而高层搜索负责检查路径冲突。即在根节点为所有智能体单独规划路径，然后通过添加限制的方式消解冲突，每个节点规划路径考虑节点被添加的限制并忽略其他智能体。CBS 算法的优点是能够找到一组冲突最小的路径，并且求解速度快，对于大规模问题有较好的扩展性；缺点是在复杂的环境中，可能存在大量冲突约束，导致搜索空间巨大，实现难度较高。

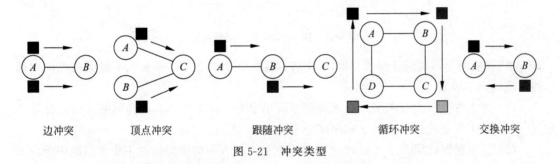

图 5-21 冲突类型

3）代价增长树搜索（increasing cost tree search，ICTS）算法

ICTS 算法是将多智能体路径规划问题分解为两个问题：寻找每个智能体的代价或者成本，并找到这些代价或成本有效的解决方法；将高层搜索和底层搜索结合在一起，高层搜索的目的是找出给定的多智能体路径的单个最优路径大小，底层搜索目的是对高层搜索的状态节点进行验证是否存在一组最优解。ICTS 算法的主要特点是引入了代价递增的策略，即在搜索过程中逐渐增加路径的代价。这种策略可以帮助算法更好地适应动态环境的变化，避免陷入局部最优解。算法的核心思想是通过逐步增加路径的代价来进行搜索，并利用启发式函数评估每个节点的优先级，选择具有较低代价和较高优先级的节点进行扩展。

4）约束规划

基于约束规划的方法与基于 A*、基于冲突和基于增加成本树的搜索方法不同，约束规

划方法将多智能体路径规划问题简化为其他已解决的标准问题,如布尔可满足性问题(satisfiability problem,SAT)、约束满足问题(constraint satisfaction problems,CSP)、约束优化问题(constraint optimization problems,COP)、答案集编程(answer set programming,ASP),并使用这些问题的现有求解器求解。基于约束规划的方法对于密集障碍物和小规模智能体的 MAPF 问题可以快速求解,但难点在于证明简化或转化过程的正确性。

5)强化学习算法

集中式方法需要完整的地图和智能体学习,同时复杂度高时容易陷入局部最优解,计算效率低下。例如,A^* 算法对高智能体密度和小规模问题是快速的,而 CBS 对冲突数量很高求解困难。强化学习算法,如 Q-learning 算法,能快速与环境进行交互,基于当前状态更新自己策略做出动作,目标是最大化总奖励。

2. 梁柱节点数字模型转化

将梁和柱截面转化为栅格用于模拟智能体的环境几何信息和已知边界条件(图 5-22)。

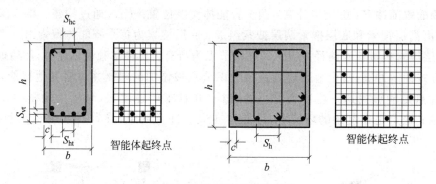

图 5-22 梁、柱截面的栅格转化

根据《混凝土结构设计标准》(2024 年版)(GB 50010—2010)中 9.2.1 对梁的纵向钢筋的间距做出了规定:

(1)梁上部受压钢筋水平方向净间距不应小于 30mm 和 $1.5d$,d 为钢筋的最大直径;

(2)梁下部受拉钢筋水平方向净间距不应小于 25mm 和 d;

(3)当下部钢筋层多于 2 层时,2 层以上钢筋水平方向的中距应比下面 2 层的中距增大一倍,并且各层钢筋之间的净间距不应小于 25mm 和 d。

《混凝土结构设计标准》(2024 年版)(GB 50010—2010)中 9.3.1 对柱的纵向钢筋的间距做出了规定:纵向钢筋的净间距不应小于 50mm,且不宜大于 300mm。

钢筋混凝土柱中的纵向钢筋可看成第一组智能体,从起点穿过梁柱节点到达终点,中途没有其他障碍物。然后一个方向的梁上的纵向钢筋视为第二组智能体,从起点穿过梁柱节点到达终点途中,将柱内纵筋和箍筋视为障碍物。另一个方向梁上的纵向钢筋视为第三组智能体,将第一组和第二组智能体视为障碍物,穿过梁柱节点。通过钢筋碰撞检测和自动避障,该钢筋混凝土梁柱节点的钢筋排布方案就基本完成了。可根据钢筋混凝土框架中不同梁柱节点的结构类型进行分类,如梁、柱、T 形梁节点,顶层 T 形梁柱节点和中间层 T 形梁柱节点等,然后进行钢筋的智能排布。

5.6 构件智能设计方法及代表性工程实例

5.6.1 三杆桁架优化设计

三杆桁架,由三根杆件连接形成三角形,如图 5-23 所示。三杆桁架作为一种经典且高效的结构形式,在建筑、航空、航天等诸多领域都得到了广泛的应用。然而,实际中的三杆桁架设计往往受到诸多因素的影响,如材料、结构形式以及荷载条件等,这些都对其最终设计结果产生影响。因此,对三杆桁架进行优化设计显得尤为重要,优化设计不仅能够显著提升结构的整体性能和稳定性,更能在保证性能的同时,实现材料的最大化利用,从而达到降低材料消耗、减少成本的目标。三杆桁架的优化设计过程中,在既定的约束条件下,通过科学地调整和设计,使三杆桁架达到结构性能的最优化状态。要实现这一目标,关键是确定恰当的优化目标和设计变量。

图 5-23 三杆桁架模型中,x_1,x_2,x_3 分别为三根杆件的横截面面积,由结构的对称性可知,$x_1=x_3$。通过优化杆件的横截面面积(x_1,x_2)使得三杆桁架的杆件体积最小。并且构件上受到作用力 P 后,其应力小于材料的屈服强度 σ。结构中已知 $l=100\mathrm{cm}, P=2\mathrm{kN/cm}^2$,$\sigma=2\mathrm{kN/cm}^2$。

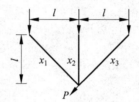

图 5-23 三杆桁架模型

1. 目标函数

在开始优化设计之前,需要明确设计目标。优化目标包括改善结构强度、减小重量、降低成本等方面。明确设计目标可以帮助选择适当的优化方法和评估指标。

三杆桁架设计优化的目标为最小化三根杆件的体积。

$$\min f(x) = (2\sqrt{2}x_1 + x_2)l \tag{5-13}$$

2. 约束条件

优化的约束条件包括三个非线性不等式约束、两个连续决策变量。

$$\begin{cases} g_1(x) = \dfrac{\sqrt{2}x_1 + x_2}{\sqrt{2}x_1^2 + 2x_1x_2}P - \sigma \leqslant 0 \\ g_2(x) = x_2/(\sqrt{2}x_1^2 + 2x_1x_2)P - \sigma \leqslant 0 \\ g_3(x) = \dfrac{1}{\sqrt{2}x_2 + x_1}P - \sigma \leqslant 0 \\ 0 \leqslant x_1, x_2 \leqslant 1 \end{cases} \tag{5-14}$$

参数：
$$l = 100\text{cm}, \quad P = 2\text{kN/cm}^2, \quad \sigma = 2\text{kN/cm}^2$$

3. 智能优化算法

采用遗传算法（genetic algorithm，GA）、粒子群优化（particle swarm optimization，PSO）算法、黏菌优化算法（slime mould algorithm，SMA）等智能优化算法对该问题进行求解[53]。完整的 Python 代码如下：

```python
import numpy as np
from matplotlib import pyplot as plt
import copy
#适应度函数
def fun(X):
    x1 = X[0]
    x2 = X[1]
    l = 100
    P = 2
    sigma = 2
    #约束条件判断
    g1 = (np.sqrt(2) * x1 + x2) * P/(np.sqrt(2) * x1 ** 2 + 2 * x1 * x2) - sigma
    g2 = x2 * P/(np.sqrt(2) * x1 ** 2 + 2 * x1 * x2) - sigma
    g3 = P/(np.sqrt(2) * x2 + x1) - sigma
    if g1 <= 0 and g2 <= 0 and g3 <= 0:
        #如果满足约束条件则计算适应度值
        fitness = (2 * np.sqrt(2) * x1 + x2) * l
    else:
        #如果不满足约束条件，则设置适应度值为很大的一个惩罚数
        fitness = 10E32
    return fitness
#遗传算法函数（GA）
def GA(pop,dim,lb,ub,MaxIter,pc,pm,fun):
    #种群初始化
    X = np.zeros((pop,dim))
    for i in range(pop):
        X[i] = lb + (ub - lb) * np.random.rand(dim)
    
    #计算适应度值
    fitness = np.zeros(pop)
    for i in range(pop):
        fitness[i] = fun(X[i])
    
    #记录最优解和适应度值
    best_fitness = np.min(fitness)
    best_x = X[np.argmin(fitness)]
    curve = [best_fitness]
    
    #迭代
```

```python
    for t in range(MaxIter):
        #选择
        idx = np.random.choice(pop,size = pop,replace = True,p = 1/(fitness + 1e - 8)/ np.sum(1/(fitness + 1e - 8)))
        X_sel = X[idx]
        #交叉
        for i in range(0,pop,2):
            if np.random.rand()< pc:
                r = np.random.randint(dim)
                X_sel[i,r:],X_sel[i + 1,r:] = X_sel[i + 1,r:],X_sel[i,r:]

        #变异
        for i in range(pop):
            if np.random.rand()< pm:
                r = np.random.randint(dim)
                X_sel[i,r] = lb[r] + (ub[r] - lb[r]) * np.random.rand()
        #计算适应度值
        new_fitness = np.zeros(pop)
        for i in range(pop):
            new_fitness[i] = fun(X_sel[i])
        #合并
        X = np.vstack((X,X_sel))
        fitness = np.hstack((fitness,new_fitness))
        #保留精英
        elite_idx = np.argmin(fitness)
        X[0] = X[elite_idx]
        fitness[0] = fitness[elite_idx]
        #删除劣质个体
        idx = np.argsort(fitness)[:pop]
        X = X[idx]
        fitness = fitness[idx]

        #更新最优解和适应度值
        current_best_fitness = np.min(fitness)
        if current_best_fitness < best_fitness:
            best_fitness = current_best_fitness
            best_x = X[np.argmin(fitness)]
        curve.append(best_fitness)
    returnbest_fitness,best_x,curve
#粒子群优化(PSO)
def PSO(pop,dim,lb,ub,max_iter,fun,c1 = 2,c2 = 2,w = 0.8):
    '''粒子群优化算法'''
    X = initialization(pop,ub,lb,dim)
    V = np.zeros((pop,dim))
    pbest = np.copy(X)
    pbest_fitness = np.zeros(pop)
```

```python
            for i in range(pop):
                pbest_fitness[i] = fun(pbest[i])
        gbest_index = np.argmin(pbest_fitness)
        gbest = np.copy(pbest[gbest_index])
        gbest_fitness = pbest_fitness[gbest_index]
        curve = np.zeros(max_iter)
        for t in range(max_iter):
            for i in range(pop):
                r1,r2 = np.random.rand(), np.random.rand()
                V[i] = w * V[i] + c1 * r1 * (pbest[i] - X[i]) + c2 * r2 * (gbest - X[i])
                X[i] = X[i] + V[i]
                for j in range(dim):
                    if X[i,j] > ub[j]:
                        X[i,j] = ub[j]
                    elif X[i,j] < lb[j]:
                        X[i,j] = lb[j]
            fitness = np.zeros(pop)
            for i in range(pop):
                fitness[i] = fun(X[i])
            for i in range(pop):
                if fitness[i] < pbest_fitness[i]:
                    pbest_fitness[i] = fitness[i]
                    pbest[i] = np.copy(X[i])
                if fitness[i] < gbest_fitness:
                    gbest_fitness = fitness[i]
                    gbest = np.copy(X[i])
            curve[t] = gbest_fitness
        return gbest_fitness,gbest,curve

def initialization(pop,ub,lb,dim):
    '''初始化粒子群'''
    X = np.zeros((pop,dim))
    for i in range(pop):
        for j in range(dim):
            X[i,j] = (ub[j] - lb[j]) * np.random.rand() + lb[j]
    return X
#黏菌优化算法(SMA)
def initialization(pop,ub,lb,dim):
    '''黏菌种群初始化函数'''
    X = np.zeros([pop,dim])                    #声明空间
    for i in range(pop):
        for j in range(dim):
            X[i,j] = (ub[j] - lb[j]) * np.random.random() + lb[j]    #生成[lb,ub]之间的随机数
    return X
def BorderCheck(X,ub,lb,pop,dim):
```

```python
        '''边界检查函数'''
        for i in range(pop):
            for j in range(dim):
                if X[i,j]>ub[j]:
                    X[i,j] = ub[j]
                elif X[i,j]< lb[j]:
                    X[i,j] = lb[j]
        return X
def CaculateFitness(X,fun):
    '''计算种群的所有个体的适应度值'''
    pop = X.shape[0]
    fitness = np.zeros([pop,1])
    for i in range(pop):
        fitness[i] = fun(X[i,:])
    return fitness
def SortFitness(Fit):
    '''适应度排序'''
    '''输入为适应度值,输出为排序后的适应度值,和索引'''
    fitness = np.sort(Fit,axis = 0)
    index = np.argsort(Fit,axis = 0)
    return fitness,index
def SortPosition(X,index):
    '''根据适应度对位置进行排序'''
    Xnew = np.zeros(X.shape)
    for i in range(X.shape[0]):
        Xnew[i,:] = X[index[i],:]
    return Xnew
def SMA(pop,dim,lb,ub,MaxIter,fun):
    '''黏菌优化算法'''
    z = 0.03                                  #位置更新参数
    X = initialization(pop,ub,lb,dim)         #初始化种群
    fitness = CaculateFitness(X,fun)          #计算适应度值
    fitness,sortIndex = SortFitness(fitness)  #对适应度值排序
    X = SortPosition(X,sortIndex)             #种群排序
    GbestScore = copy.copy(fitness[0])
    GbestPositon = copy.copy(X[0,:])
    Curve = np.zeros([MaxIter,1])
    W = np.zeros([pop,dim])                   #权重W矩阵
    for t in range(MaxIter):
        worstFitness = fitness[-1]
        bestFitness = fitness[0]
        S = bestFitness - worstFitness + 10E - 8  #当前最优适应度于最差适应度的差值,10E-8为极小值,避免分母为0;
        for i in range(pop):
            if i < pop/2:                      #适应度排前一半的W计算
```

```python
            W[i,:] = 1 + np.random.random([1,dim]) * np.log10((bestFitness - fitness[i])/(S) + 1)
        else:                                           #适应度排后一半的W计算
            W[i,:] = 1 - np.random.random([1,dim]) * np.log10((bestFitness - fitness[i])/(S) + 1)
    #惯性因子a,b
    tt = -(t/MaxIter) + 1
    if tt! = -1 and tt! = 1:
        a = np.math.atanh(tt)
    else:
        a = 1
    b = 1 - t/MaxIter
    #位置更新
    for i in range(pop):
        if np.random.random() < z:
            X[i,:] = (ub.T - lb.T) * np.random.random([1,dim]) + lb.T
        else:
            p = np.tanh( abs(fitness[i] - GbestScore))
            vb = 2 * a * np.random.random([1,dim]) - a
            vc = 2 * b * np.random.random([1,dim]) - b
            for j in range(dim):
                r = np.random.random()
                A = np.random.randint(pop)
                B = np.random.randint(pop)
                if r < p:
                    X[i,j] = GbestPositon[j] + vb[0,j] * (W[i,j] * X[A,j] - X[B,j])
                else:
                    X[i,j] = vc[0,j] * X[i,j]
    X = BorderCheck(X,ub,lb,pop,dim)                    #边界检测
    fitness = CaculateFitness(X,fun)                    #计算适应度值
    fitness,sortIndex = SortFitness(fitness)            #对适应度值排序
    X = SortPosition(X,sortIndex)                       #种群排序
    if(fitness[0] <= GbestScore):                       #更新全局最优
        GbestScore = copy.copy(fitness[0])
        GbestPositon = copy.copy(X[0,:])
    Curve[t] = GbestScore
return GbestScore,GbestPositon,Curve
'''主函数'''
#参数设置
pop_size = 50                                           # 种群数量
max_iter = 100                                          # 最大迭代次数
dim = 2                                                 # 维度
lb = np.array([0.001,0.001])                            # 下边界
ub = np.array([1,1])                                    # 上边界
pc = 0.8                                                # 交叉概率
pm = 0.1                                                # 变异概率
#使用遗传算法进行优化
best_fitness_ga,best_solution_ga,curve_ga = GA(pop_size,dim,lb,ub,max_iter,pc,pm,fun)
#使用粒子群进行优化
```

```
best_fitness_pso,best_solution_pso,curve_pso = PSO(pop_size,dim,lb,ub,max_iter,fun)
#使用黏菌群算法进行优化
best_fitness_sma,best_solution_sma,curve_sma = SMA(pop_size,dim,lb,ub,max_iter,fun)
#绘制适应度曲线
plt.figure(figsize = (8,6))
plt.plot(curve_ga,'r-',linewidth = 2,label = 'GA')
plt.plot(curve_pso,'b--',linewidth = 2,label = 'PSO')
plt.plot(curve_sma,'g-.',linewidth = 2,label = 'SMA')
plt.xlabel('Iteration')
plt.ylabel("Fitness")
plt.title('GA vs PSO vs SMA')
plt.legend()
plt.show()
#输出最优解和适应度值
print('GA - Best Fitness:',best_fitness_ga)
print('GA - Best Solution:',best_solution_ga)
print('PSO - Best Fitness:',best_fitness_pso)
print('PSO - Best Solution:',best_solution_pso)
print('SMA - Best Fitness:',best_fitness_sma)
print('SMA - Best Solution:',best_solution_sma)
```

将不同算法进行比较,计算一次结果如表5-4和图5-24所示。三种算法在30次迭代后基本达到收敛。最终优化结果看,PSO和SMA要优于GA算法。

表5-4 三种算法结果对比

算法	$f(x)$值	参数值$x1$	参数值$x2$
GA	268.074338	0.863976	0.237048
PSO	263.901615	0.785900	0.416154
SMA	263.899814	0.786664	0.413975

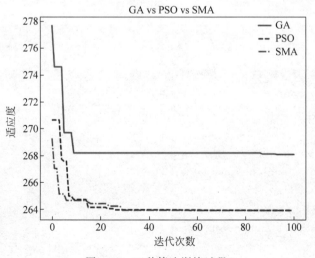

图5-24 三种算法训练过程

统计独立计算100次的结果进行比较,如表5-5所示。PSO和SMA优化的标准差很小,表明优化算法更具有稳定性。

表5-5 三种算法多次计算结果对比

算　法	最优值	最差值	平均值	标准差
GA	264.0579495	277.839558	265.727744	4.820872
PSO	263.895935	263.914408	263.898468	1.210235×10^{-5}
SMA	263.895923	264.013704	263.911071	0.000433

5.6.2 数据驱动的钢管混凝土轴压承载力

钢管混凝土柱的轴压试验数据集包含了1003个矩形钢管混凝土的试验数据[54],筛选混凝土强度为圆柱体抗压强度数据后,最终选择819个有效的数据作为训练数据集。输入参数包括矩形钢管的宽B和高H,钢管厚度T,钢管长度L,钢材屈服强度f_y,混凝土圆柱体抗压强度f_c,输出结果为试验得到的轴压承载力N。

Python代码如下:

```
# 导入数据和预处理
Import pandas as pd
Import matplotlib.pyplot as plt
From sklearn import preprocessing
From sklearn.model_selection import train_test_split
Import seaborn as sns
data = pd.read_excel(r'.\CFST-dataset.xlsx',sheet_name = '矩形钢管混凝土轴压承载力')
data.head()
```

```
data.shape
```

```
(819,7)
```

```
data.describe()
```

```
corr = data.corr()                    # 相关矩阵
plt.figure(figsize=(8,6))
sns.heatmap(corr[(corr>=0.0)|(corr<=-0.0)],
    cmap = 'coolwarm',vmax = 1.0,vmin = -1.0,linewidths = 0.1,
    annot = True,annot_kws = {"size":12},square = True)
features = list(data.columns.values)
quantitative_features_list1 = features
data_plot_data = data_mod_num = data[quantitative_features_list1]
sns.pairplot(data_plot_data,height = 1.5)
```

```python
i = 1
plt.figure(figsize = (14,14))
for col in data.columns[0:]:
    plt.subplot(5,2,i)
    i = i + 1
    sns.histplot(data[col],kde = True)
    plt.tight_layout()
```

```python
y_column_name = 'N'
X = data.loc[:,data.columns! = y_column_name]
y = data[y_column_name]
# 划分训练集和测试集
import numpy as np
from sklearn import linear_model
from sklearn.neighbors import KNeighborsRegressor
from sklearn.preprocessing import PolynomialFeatures
from sklearn import metrics
from sklearn.model_selection import cross_val_score
from sklearn.linear_model import LinearRegression
from sklearn.model_selection import train_test_split

indices = range(len(y))

X_train,X_test,y_train,y_test,indices_train,indices_test = train_test_split(X,y,indices,
test_size = 0.3,random_state = 42)
from sklearn.preprocessing import StandardScaler
scaler = StandardScaler()
X_train = scaler.fit_transform(X_train)
X_test = scaler.transform(X_test)
# 随机超参数搜索
from sklearn.model_selection import RandomizedSearchCV    # 随机搜索超参数

param_dist = {
'n_estimators': range(10,200,1),
'learning_rate':[0.01,0.05,0.1,0.15,0.2],
'max_depth': range(1,10,1),
'subsample': np.linspace(0.05,1,20),
'min_child_weight': range(1,9,1),
}

XGB_opt = xgb.XGBRegressor()

XGB_random = RandomizedSearchCV(estimator = XGB_opt,param_distributions = param_dist,cv = 
10,n_jobs = - 1,random_state = 0)
XGB_random.fit(X_train,y_train)
XGB_random.best_params_
```

```
{'subsample': 0.6,
 'n_estimators': 131,
 'min_child_weight': 2,
 'max_depth': 7,
 'learning_rate': 0.1}
```

```python
def adjustedR2(r2,n,k):
    returnr2-(k-1)/(n-k)*(1-r2)

def evaluate_model(X_train,y_train,X_test,y_test,features,model):
    pred_tr = model.predict(X_train)
    rmse_tr = float(format(np.sqrt(metrics.mean_squared_error(y_train,pred_tr)),'.3f'))
    rsq_tr = float(format(model.score(X_train,y_train),'.3f'))
    arsq_tr = float(format(adjustedR2(model.score(X_train,y_train),X_train.shape[0],len(features)),'.3f'))
    mae_tr = float(format(metrics.mean_absolute_error(y_train,pred_tr),'.3f'))
    mape_tr = float(format(metrics.mean_absolute_percentage_error(y_train,pred_tr),'.3f'))

    pred_te = model.predict(X_test)
    rmse_te = float(format(np.sqrt(metrics.mean_squared_error(y_test,pred_te)),'.3f'))
    rsq_te = float(format(model.score(X_test,y_test),'.3f'))
    arsq_te = float(format(adjustedR2(model.score(X_test,y_test),X_test.shape[0],len(features)),'.3f'))
    mae_te = float(format(metrics.mean_absolute_error(y_test,pred_te),'.3f'))
    mape_te = float(format(metrics.mean_absolute_percentage_error(y_test,pred_te),'.3f'))
    cv = float(format(cross_val_score(model,X_train,y_train,cv=10).mean(),'.3f'))

    return(rmse_tr,rsq_tr,arsq_tr,mae_tr,mape_tr,
           rmse_te,rsq_te,arsq_te,mae_te,mape_te,cv)

#调用 evaluate_model 函数
rmse_tr,rsq_tr,arsq_tr,mae_tr,mape_tr,rmse_te,rsq_te,arsq_te,mae_te,mape_te,cv = evaluate_model(X_train,y_train,X_test,y_test,features,XGB_random)

#输出结果
print("训练集上:\nRMSE:{}\nR-squared:{}\nAdjusted R-squared:{}\nMAE:{}\nMAPE:{}\n".format(rmse_tr,rsq_tr,arsq_tr,mae_tr,mape_tr))
print("测试集上:\nRMSE:{}\nR-squared:{}\nAdjusted R-squared:{}\nMAE:{}\nMAPE:{}\n".format(rmse_te,rsq_te,arsq_te,mae_te,mape_te))
print("交叉验证:\nCV:{}".format(cv))
```

```
训练集上:
RMSE:85.915
R-squared:0.998
Adjusted R-squared:0.998
MAE:48.214
MAPE:0.03
```

测试集上：
RMSE：337.956
R－squared：0.962
Adjusted R－squared：0.962
MAE：170.268
MAPE：0.091

交叉验证：
CV：0.966

```python
xx = np.linspace(0,14000,2000)
yy = xx
plt.plot(xx,yy,linewidth=1.5,color='red')

plt.scatter(y_train,XG_y_train_prediction,marker='o')
plt.scatter(y_test,XG_y_test_prediction,marker='s')

plt.tick_params(axis='both',which='major',labelsize=18)
plt.yticks(fontproperties='Times New Roman',size=18)
plt.xticks(fontproperties='Times New Roman',size=18)

font1={'family':'Times New Roman','weight':'normal','size':20,}
plt.axis('tight')
plt.xlabel('Test results',font1)
plt.ylabel('Predicted results',font1)
plt.xticks(np.arange(0,14000,2000))
plt.yticks(np.arange(0,14000,2000))
plt.xlim(0,14000)
plt.ylim(0,14000)
plt.title('XGBoost',font1)

plt.legend(['y = x','Training set','Testing set'],loc='upper left',prop={'family':'Times New Roman','weight':'normal','size':16,})
plt.show()
#特征重要性
features = list(X.columns.values)

importances = XGB_model.feature_importances_
indices = np.argsort(importances)

plt.title('Feature Importances')
plt.barh(range(len(indices)),importances[indices],color='b',align='center')
plt.yticks(range(len(indices)),[features[i]foriinindices])
plt.xlabel('Relative Importance')
plt.show()
#保存模型
```

```
Import joblib
joblib.dump(XGB_model,'XGB_CFST-model.pkl')
joblib.dump(scaler,"CFST-scaler.pkl")
调用模型进行预测
# importjoblib

estimator = joblib.load("XGB_CFST-model.pkl")
scaler_stand = joblib.load("CFST-scaler.pkl")

# 输入预测模型参数
new_input = np.array([[200,250,2,600,355,40]])
print(new_input.shape)
new_input_sca = scaler_stand.transform(new_input)
result = XGB_model.predict(new_input_sca)
print(result)
```

```
(1,6)
[2794.2239]
```

代码生成图见图 5-25。

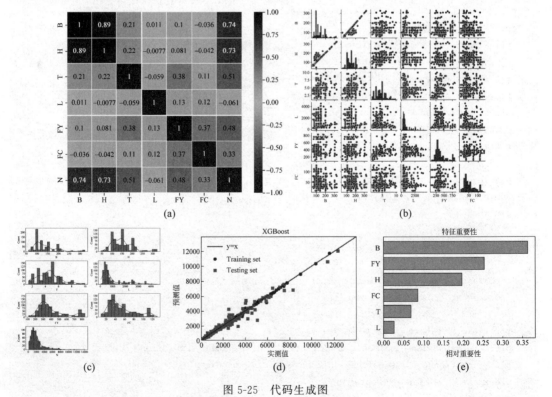

图 5-25 代码生成图
(a) 热力图；(b) 样本分布图；(c) 数据分布图；(d) 预测对比图；(e) 特征图

5.6.3 钢结构框架截面优化设计

对于钢结构,钢构件大多是工厂生产的标准产品,因此设计钢结构时,根据设计需要在标准截面列表中进行选择即可。因此钢框架结构的截面设计也是一个离散优化问题。如果截面尺寸可以连续变化,则可以将优化问题表述为非线性规划问题,并且可以使用数学规划方法。

对于钢结构框架中梁、柱截面的组合优化问题,一般可采用数学规划和元启发算法,如遗传算法、模拟退化算法。元启发算法可以用较小的计算成本获得比较好的优化结果,但是最优解的质量很大程度上取决于初始解和超参数设置。机器学习中的强化学习(RL)与图结构相结合,可以为平面框架设计提供新的方法。

1. 图结构和图嵌入

图(graph)是由顶点(node)和边(edge)组成的非欧几里得数据结构。例如,社交网络中人与人之间的联系,期刊论文的引用与被引用之间的关系,生物中蛋白质相互作用以及通信网络中的 IP 地址之间的通信等。图嵌入(graph embedding)是将属性图转换为向量或向量集。嵌入应该捕获图的拓扑结构、顶点到顶点的关系,以及关于图、子图和顶点的其他相关信息。将图数据(通常为高维稠密的矩阵)映射为低微稠密向量的过程,能够很好地解决图数据难以高效输入机器学习算法的问题。

可以将框架视作图结构,框架梁柱的节点看作图数据的顶点,梁和柱看作图的边,如图 5-26 所示。

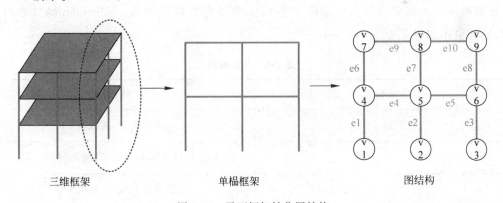

图 5-26 平面框架转化图结构

框架要满足以下约束条件:构件应力不超过钢材允许应力,框架柱的弹性层间位移角小于层高的 1/200,梁的跨中挠度小于计算跨度的 1/300,地震作用引起的层间剪力要小于框架的层间剪力等,以及柱梁的超强系数以保证强柱弱梁。那么一个平面框架的离散截面优化问题可看成满足约束条件下,最小化总结构的体积 $V(J)$,$J = \{J_1, J_2, \cdots, J_{n_m}\}$ 是所有梁、柱构件的总截面面积。优化问题可表述为:

$$\min V(\boldsymbol{J}) \tag{5-15}$$

$$\text{s.t.} = \begin{cases} J_i \in \{200, 250, \cdots, 1000\}, & i=1,2,\cdots,n_m \\ \sigma_i \leqslant 1.0, & i=1,2,\cdots,n_m \\ d_i \leqslant 1.0, & i=1,2,\cdots,n_m \\ \beta_j \geqslant 1.0, & j \in \Omega_\beta \\ Q_{u,k} \geqslant Q_{un,k}, & k=1,2,\cdots,n_{st} \end{cases} \tag{5-16}$$

式中，J_i 表示梁、柱的截面尺寸（mm）；σ_i 表示第 i 个构件应力与材料容许应力比值；d_i 表示第一个柱的层间位移角或梁的中心挠度与规范限值位移角或挠度的比值；β_j 为柱梁强化系数，是连接到梁柱节点的柱和梁塑性弯矩总和之比，保证强柱弱梁；$Q_{un,k}$ 表示 k 层所需剪力（kN），$Q_{u,k}$ 是 k 层的剪切承载能力（kN）。

2. 基于图的强化学习求解

将框架梁柱构件的优化问题，转化为强化学习任务，建模为马尔可夫决策过程。

(1) 状态 s 可以用框架的节点数值数据来表示。

$$s = \{v, w, C\} \tag{5-17}$$

式中，$v = [v_1, v_2, \cdots, v_{n_n}]$ 表示 n 个节点的信息；$w = [w_1, w_2, \cdots, w_{n_m}]$ 表示 m 个构件的信息；C 为构件和节点的 $m \times n$ 连接矩阵或映射矩阵，C_{ij} 取 -1 表示构件 i 离开节点 j，C_{ij} 取 1 表示构件 i 进入节点 j，其他形式表示为 0。

节点信息考虑 4 个输入项并进行编码，如表 5-6 所示。编码 1 表示支座的位置，编码 2 表示不考虑柱梁强化系数（如 COF）的顶点，编码 3 表示不同的连接梁数量而柱梁强化系数值差异较大的侧端节点。编码 4 表示柱梁强化系数的倒数，并用 tanh 函数进行缩放，使其值不超过 1.0。

表 5-6 节点编码

编码	输入
1	1 表示固定，其他为 0
2	1 表示在顶部，其他为 0
3	1 表示在边端部，其他为 0
4	$\tanh(1.0/\beta_k)$

构件的输入包括了 13 个信息，如表 5-7 所示。L 为构件长度，A 为截面面积，I 为截面惯性矩，Z 为截面重心到边缘距离。输入参数 3～11 为构件长度和截面属性，都与输入的最大值相比，将其值缩放到 0～1。12 和 13 分别为应力比和位移比。

表 5-7 边编码

编码	输入
1	1表示柱,其他为0
2	1表示梁,其他为0
3	$L_i/\overline{L}$
4	$A_i/\overline{A}$
5	$I_i^z/\overline{I}^z$
6	$I_i^y/\overline{I}^y$
7	$Z_i^z/\overline{Z}^z$
8	$A_i'/\overline{A}$
9	$I_i'^z/\overline{I}^z$
10	$I_i'^y/\overline{I}^y$
11	$Z_i'^z/\overline{Z}^z$
12	$\tanh(\sigma_l)$
13	$\tanh(d_l)$

(2) 动作被定义为应用于框架构件的最小设计更改。如果为每个成员分配一个操作,则最多有 n_m 个 Agent 可以在每个步骤中执行的操作。为了减少要探索的动作空间,动作是从 Ω_a 中选择。它表示一组可能的操作,从这些操作中排除了明显不适当的操作,如超过上限/下限的增加/减少构件大小的操作。每个构件的横截面可由两个动作完成：Agent(−)在每一步采取减小截面尺寸的动作；而 Agent(+)在每一步采取增大截面尺寸的动作。并且需要排除一些明显不符合设计的状态,如下层柱截面尺寸小于上层柱截面尺寸。

(3) 奖励

一方面如果减少了不必要的大构件截面面积,分配更大的正奖励;另一方面,如果可能违反约束的构件截面面积减小,则分配较小的正奖励。如果违反约束条件,将分配负奖励,即惩罚。

然后可以采用强化学习的 Q-learning 方法解决这个问题。使用状态 s 更新动作值,选择动作 a,即观察下一个状态 s' 和奖励：

$$Q(s,a) = Q(s,a) + \alpha(r(s') + \gamma \max_a Q(s',a) - Q(s,a)) \tag{5-18}$$

式中,γ 是折扣因子。

例如,对一个 8 层 3 跨的平面框架中梁柱截面进行优化设计[55]。在迭代的早期阶段,框架柱的截面尺寸会急剧缩小。然后整个框架柱和梁的横截面以均衡的方式减小,而不会集中在特定构件的横截面上。在步骤 447 处,由于第 3 层和第 4 层之间的梁尺寸减小,第 4 层的位移比超过 1.0,结构达到终止状态。因此,终止状态之前的第 446 步被视为次优解,如图 5-27 所示。次优解的截面是一种合理的设计,它平衡了应力、位移、柱梁强化系数和剪切荷载能力的约束,并且任何杆件的尺寸不会被设计过度或不足(图 5-28)。

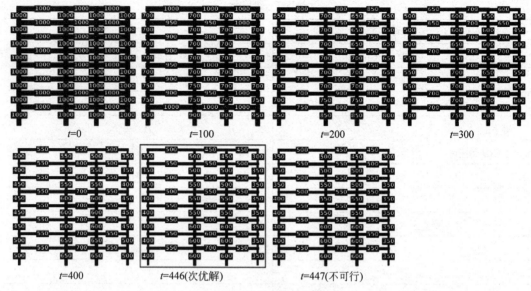

图 5-27 框架截面优化结果

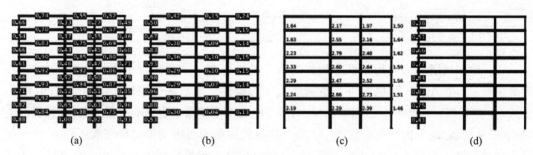

图 5-28 次优解对应框架内力和位移

5.6.4 空间钢网架截面优化设计

1. 问题的描述

某栈桥预应力网架[56],结构形式为局部三层正四角锥,底层弦杆与一根预应力索相连。已知钢材弹性模量 $2.1\times10^{11}\mathrm{N/m^2}$,泊松比 0.3,密度 $7800\mathrm{kg/m^3}$。弦杆及腹杆初始直径 $0.03\mathrm{m}$,变化范围为 $0.02\sim0.04\mathrm{m}$。预应力索初始直径 $D2=0.02\mathrm{m}$,变化范围 $0.01\sim 0.03\mathrm{m}$,初始应变 0.005,变化范围 $0.003\sim0.006$。除承受自重外,结构跨中两节点作用竖向集中力 $f_y=-500000\mathrm{N}$。要求完成此网架的最小重量的优化分析。

2. 建模

网架桁架截面优化分析的一般步骤通常包括以下几个方面:

(1) 建立模型:使用 APDL 命令定义节点和单元,创建网架桁架的有限元模型。设置材料属性、截面属性等。

(2) 定义设计变量:使用 APDL 命令定义需要优化的设计变量,如截面的尺寸、材料属性等。可以使用 *PARM 命令定义参数。

(3) 设置目标函数：使用 APDL 命令设置优化的目标函数，如最小化结构重量或成本等。可以使用 DO 命令和 GET 命令来计算结构的重量或成本等。

(4) 设置约束条件：使用 APDL 命令设置优化过程中需要遵守的约束条件，如应力、挠度、稳定性等要求。可以使用 IF 条件判断和逻辑运算来实现约束条件的判断。

(5) 选择优化算法：在 APDL 中，可以利用循环和迭代结合有限元分析来实现优化算法，也可以调用 ANSYS 内置的优化功能，如 OPT 命令来进行优化计算。

(6) 执行优化计算：编写 APDL 命令流，通过循环迭代不断调整设计变量，并进行有限元分析以评估每个设计的性能。可以使用 DO 循环和 IF 条件判断来实现迭代过程。

(7) 评估结果：在每次迭代后，使用 APDL 命令对优化结果进行分析，包括各种加载情况下的结构性能。可以使用 *GET 命令获取分析结果。

(8) 确定最佳设计：根据优化结果选择最佳的截面尺寸和材料参数。可以使用 APDL 命令输出最终的设计结果。

本例采用 Ansys 优化模块进行分析，为简便起见建模过程采用如下命令流。

```
#网架优化设计 Ansys 命令流
```

1) 工作环境设置

清除之前的工作并启动一个新的工作，指定了工作的文件名为"RACK"。

```
/CLEAR,START
/FILENAME,RACK
```

该命令设置了图形显示的标题为"ANALYSIS OF RACK UNDER SELF-WEIGHT"即网架桁架在自重作用下的分析。

```
/TITLE,ANALYSIS OF RACK UNDER SELF - WEIGHT
```

2) 进入前处理器

用于进入 ANSYS 的前处理器(PREP7)环境，以便进行模型准备工作。

```
/PREP7
```

3) 定义变量 AREA

这个命令用于定义一个名为 AREA 的变量，并将其设置为 50。在后续的分析中可以使用这个变量来表示某些参数，如截面面积等。

```
*SET,AREA,50
```

4) 定义单元类型

定义单元类型。在这里，指定了单元号为 1，类型为 LINK8，表示定义了一种类型为 LINK8 的单元。

```
ET,1,LINK8
```

5) 定义横截面面积

定义桁架的横截面面积。这里通过将变量 AREA 与单元编号 1 关联,来指定该单元的横截面面积为之前定义的变量 AREA 的值(即 50)。

```
R,1,Area
```

6) 定义材料模型

指定弹性模量(EX)为 2.07e11,其中 1 表示材料编号。定义泊松比(PRXY)为 0.3,也是针对材料编号为 1 的材料。

```
MP,EX,1,2.07e11
MP,PRXY,1,0.3
```

7) 建立分析模型,包括节点和单元

① 建立上平面节点:使用 *DO 循环语句依次创建 6 个上平面节点,并根据公式 $(I-1)*1000$ 计算节点的坐标,其中 I 从 1 到 6。使用 NGEN 命令创建 6 个节点,命令中指定了节点的编号范围、间隔和坐标。

② 建立下平面节点:使用 *DO 循环语句依次创建 5 个下平面节点,并根据公式 $(I-37)*1000+500$ 计算节点的坐标,其中 I 从 37 到 41。使用 NGEN 命令创建 5 个节点,命令中指定了节点的编号范围、间隔和坐标。

③ 指定要形成的单元类型、材料号和实参数号:

使用 TYPE 命令指定要形成的单元类型为之前定义的类型;

使用 MAT 命令指定要形成单元的材料号为之前定义的材料号;

使用 REAL 命令指定要形成单元的实参数号为之前定义的实参数号。

④ 建立水平单元:

使用 *DO 循环语句依次创建 30 个上平面水平单元,连接上平面节点;

使用 *DO 循环语句依次创建 20 个下平面水平单元,连接下平面节点。

⑤ 建立竖直单元:

使用 *DO 循环语句依次创建 25 个下平面竖直单元,连接下平面节点。

⑥ 建立上下平面节点之间的斜腹杆单元:

使用 *DO 嵌套循环语句依次创建 120 个斜腹杆单元,连接上下平面节点。实现代码如下:

```
*DO,I,1,6,1      !建立上平面节点
  N,I,0,0,(I-1)*1000,0,0
        *ENDDO
NGEN,6,6,ALL,,,1000,0,0,0,0
! NLIST,ALL,,,,NODE,NODE,NODE
*DO,I,37,41,1    !建立下平面节点
N,I,500,(I-37)*1000+500,-700
        *ENDDO
NGEN,5,5,37,41,1,1000,0,0,0,0
```

```
TYPE,1      ! 指定要形成的单元类型
MAT,1       ! 指定要形成单元的材料号
REAL,1      ! 指定要形成单元的实参数号
*DO,I,1,31,6
*DO,J,1,5,1
E,I+J-1,I+J
*ENDDO
*ENDDO
*DO,I,1,30,1       ! 建立上平面水平单元
E,I,I+6
*ENDDO
*DO,I,37,57,5      ! 建立下平面竖直单元
*DO,J,1,4,1
E,I+J-1,I+J
*ENDDO
*ENDDO
*DO,I,37,56,1      ! 建立下平面水平单元
E,I,I+5
*ENDDO
*DO,I,37.0,57.0,5.0    ! 建立上下平面节点之间的斜腹杆单元
*DO,J,1.0,5.0,1.0
E,I+J-1,1.2*I-43.4+J-1
E,I+J-1,1.2*I-43.4+J
E,I+J-1,1.2*I-43.4+J+5
E,I+J-1,1.2*I-43.4+J+6
*ENDDO
*ENDDO
```

建立的模型结果如图 5-29 所示。

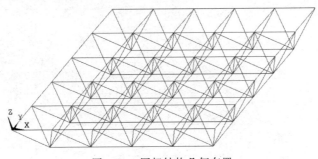

图 5-29 网架结构几何布置

8) 施加位移约束

① 选择上平面的边缘节点

使用 NSEL 命令分别选择上平面的左边缘节点(X 坐标为 0)、右边缘节点(X 坐标为 5000)、下边缘节点(Y 坐标为 0)和上边缘节点(Y 坐标为 5000)。

② 固定所有位移自由度

使用修正后的命令 D,ALL,U,0 固定了所有被选中节点的位移自由度,将其位移值固定为 0。

③ 重新选择所有节点

使用 NSEL,ALL 命令重新选择所有节点,以便后续操作或分析。

```
NSEL,S,LOC,X,0                  !选择上平面左边缘节点
NSEL,A,LOC,X,5000               !选择上平面右边缘节点
NSEL,A,LOC,Y,0                  !选择上平面下边缘节点
NSEL,A,LOC,Y,5000               !选择上平面上边缘节点
    D,all,,,,,ALL,,,,           !固定所有自由度
        NSEL,ALL                !重新选择所有节点
```

9) 施加集中力负载

① 选择所有下平面节点

使用 NSEL 命令选择所有下平面节点,命令中指定 Z 坐标值为 -700。

② 施加集中力荷载

使用 F 命令施加集中力荷载,命令中指定了所有被选中节点的 FZ(Z 方向力)为 $-10000N$。

③ 重新选择所有节点

使用 NSEL,ALL 命令重新选择所有节点,以便后续操作或分析。

④ 结束分析

使用 FINISH 命令结束分析过程(图 5-30)。

```
NSEL,S,LOC,Z,-700               !选择所有下平面节点
F,all,FZ,-10000                 !施加集中力荷载
    NSEL,ALL                    !重新选择所有节点
    FINISH
```

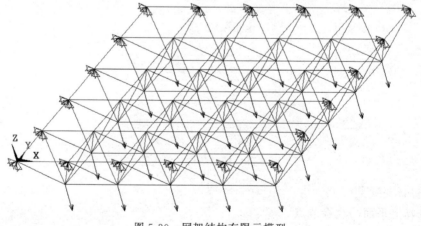

图 5-30 网架结构有限元模型

10) 进入求解器

使用 /SOLU 命令进入 ANSYS 求解器环境。

```
/SOLU                           !进入求解器
```

5 结构构件智能设计

11) 求解选项设置

使用 ANTYPE,0 命令设置求解选项为静力学分析（static analysis）。

```
ANTYPE,0                                              ! 求解选项设置
```

12) 求解

```
        SOLVE                                         ! 求解
FINISH                                                ! 退出求解模块
```

求解结果如图 5-31 所示。

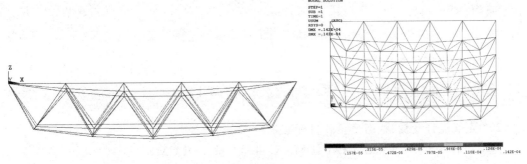

图 5-31　网架结构优化结果云图

13) 进入通用后处理器

```
/POST1                                                ! 进入通用后处理器
```

14) 定义变量 Volume 存储网架结构消耗材料的体积

定义单元体积列表，单元体积列表求和，定义变量 Volume 存储网架结构消耗材料的体积。

```
    ! esel,all
ETABLE,EVOLUME,VOLU,
    SSUM
*GET,VOLUME,SSUM,,ITEM,EVOLUME
```

15) 定义变量 smaxe 存储网架单元中最大轴向应力

定义单元轴向应力列表，单元轴向应力降幂排序，定义变量 smaxe 存储网架单元中最大轴向应力。

```
  ETABLE,smax_e,LS,1
ESORT,ETAB,SMAX_E,0,1,,
  *GET,smaxe,SORT,,MAX
```

16) 定义变量 dmax 存储网架下平面中心 49 号节点挠度

定义变量 dzmax 存储网架下平面中心 49 号节点挠度，定义变量 dmax 存储网架下平面

中心 49 号节点挠度。

```
*GET,dzmax,NODE,49,U,Z
*set,dmax,-1*dzmax
```

17) 写命令文件

先生成 optimize.txt 文件，然后将上述关键字手动复制到该文件中。

```
!LGWRITE,optimize.txt,'',COMMENT
```

18) 退出通用后处理程序，进入优化程序

```
FINISH                                              !退出通用后处理模块
    /OPT                                            !进入优化程序
```

19) 指定优化命令文件

```
OPANL,optimize,txt                                  !指定优化命令文件
```

20) 定义设计变量、状态变量和目标变量

定义设计变量 AREA、SMAXE、DMAX、目标变量 VOLUME。

```
 OPVAR,AREA,DV,20,200,0.01,
OPVAR,SMAXE,SV,200,210,0.01,
 OPVAR,DMAX,SV,0.1,10,0.01,
  OPVAR,VOLUME,OBJ,,,20000,
```

21) 指定优化方法

使用 OPTYPE,FIRS 命令指定优化方法为某种特定的优化方法（FIRS 指定优化方法见文件 optimize.txt）。

```
    OPTYPE,FIRS                                     !指定优化方法
OPFRST,100,100,2,                                   !优化方法设定
```

22) 优化分析

```
OPEXE                                               !优化分析
```

23) 查看优化结果

```
   *Status                                          !查看优化结果
  oplist,all
plvaropt,VOLUME
```

优化结果如图 5-32 所示。

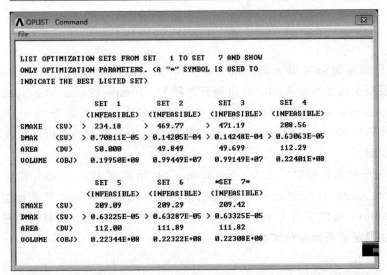
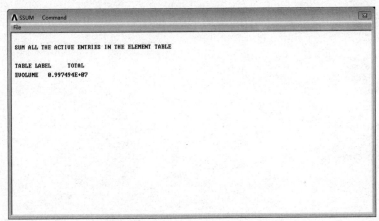

图 5-32 网架结构优化结果

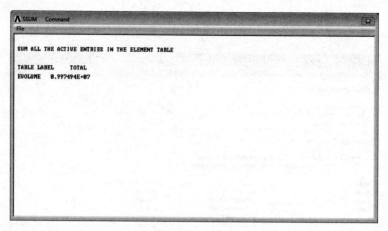

图 5-32 （续）

练习题

[5-1] 已知某钢筋混凝土简支梁长度为 6000mm，横截面为 300mm（宽）×600mm（高），矩形，混凝土强度等级 C30。可用钢筋直径为：10mm、12mm、14mm、16mm、18mm、20mm、22mm、25mm，根据荷载组合设计值计算所得最小配筋面积为 2390.79mm²。试采用合适的优化算法求出最优的钢筋组合，使得钢筋组合中所有钢筋面积之和最小，但不小于所需钢筋截面面积。

[5-2] 矩形截面悬臂梁长度为 $L=1000$mm，初始高度 $H=20$mm，宽度 $W=20$mm，弹性模量 $E=30$MPa，泊松比 $\nu=0.3$，梁顶面作用均布荷载 $q=20$N，梁截面宽度和高度范围均为 10~50mm，极限应力为 10kPa，最大的位移为 0.2mm。试以材料用量最小为目标利用优化算法确定梁截面最优宽高比。

参 考 文 献

[1] WOLFGANG E. Introduction to artificial intelligence[M]. London：Springer，2018.

[2] 罗清旭. 批判性思维理论及其测评技术研究[D]. 南京：南京师范大学，2002.

[3] 宋艳双，刘人境. 知识阈值对组织学习绩效的影响研究[J]. 管理科学，2016，29(4)：94-103.

[4] 张煜东，吴乐南，王水花. 专家系统发展综述[J]. 计算机工程与应用，2010，46(19)：43-47.

[5] 刘红波，张帆，陈志华，等. 人工智能在土木工程领域的应用研究现状及展望[J/OL]. 土木与环境工程学报(中英文)，2023：1-20[2023-12-04]. http://kns.cnki.net/kcms/detail/50.1218.TU.20220312.1605.002.html.

[6] 王立铭. 王立铭进化论讲义[M]. 北京：新星出版社，2022.

[7] BURRYT J, FELICETTI P, TANG J, et al. Dynamical structural modeling：a collaborative design exploration[J]. SAGE Publications，2005(1)：27-42.

[8] 谢楠，陈英俊. 遗传算法的改进策略及其在桥梁抗震优化设计中的应用效果[J]. 工程力学，2000，17(3)：31-36.

[9] 罗素，诺维格. 人工智能：一种现代的方法[M]. 3版. 殷建平，祝恩，刘越，等译. 北京：清华大学出版社，2013.

[10] TURING A M. Computing machinery and intelligence[J]. Mind，1950，LIX(236)：433-460.

[11] 王光远，吕大刚. 结构智能选型：理论、方法与应用[M]. 北京：中国建筑工业出版社，2006.

[12] 宋泽冈，刘艳莉，张长兴. 基于机器视觉的桥梁裂缝检测应用及发展综述[J]. 科学技术与工程，2023，23(30)：12796-12805.

[13] 刘德儿，司玄玄，杨大海，等. 大桥工字梁点云模型特征面智能识别及应用[J]. 激光与红外，2023，53(4)：528-536.

[14] 郭科，陈聆，魏友华. 最优化方法及其应用[M]. 北京：高等教育出版社，2007.

[15] HO C, BASDOGAN C, SRINIVASAN M. Numerical optimization[M]. 北京：科学出版社，2006.

[16] 张勇. 随机优化算法[M]. 北京：北京大学出版社，1995.

[17] 赵玉新，YANG X S，刘利强. 新兴元启发式优化方法[M]. 北京：科学出版社，2013.

[18] 周明，孙树栋. 遗传算法原理及应用[M]. 北京：国防工业出版社，1999.

[19] 高鹰，谢胜利. 基于模拟退火的粒子群优化算法[J]. 计算机工程与应用，2004，40(1)：47-50.

[20] 李丽，牛奔. 粒子群优化算法[M]. 北京：冶金工业出版社，2009.

[21] 李士勇，陈永强，李研. 蚁群算法及其应用[M]. 哈尔滨：哈尔滨工业大学出版社，2004.

[22] CASTRO L N D, ZU BEN F J V. The clonal selection algorithm with engineering applications[C]// DE CASTRO L N, VON ZUBEN F J. The clonal selection algorithm with engineering applications. Proceedings of GECCO，2000：36-39.

[23] 程耿东. 工程结构优化设计基础[M]. 北京：水利电力出版社，1984.

[24] 张文修，梁怡. 遗传算法的数学基础[M]. 西安：西安交通大学出版社，2000.

[25] 刘界鹏，周绪红，伍洲，等. 智能建造基础算法教程[M]. 北京：中国建筑工业出版社，2021.

[26] 康昊，郭子雄，刘洋，等. 基于CNN的考虑地震波时频特征影响选波方法研究[J/OL]. 工程力学，2024：1-13[2024-03-05]. http://kns.cnki.net/kcms/detail/11.2595.O3.20230907.0951.002.html.

[27] 阿培丁. 机器学习导论[M]. 范明，昝红英，牛常勇，译. 北京：机械工业出版社，2009.

[28] MCCULLOCH W S, PITTS W. A logical calculus of the ideas immanent in nervous activity[J]. The

[29] 何政,来潇. 参数化结构设计基本原理、方法及应用[M]. 北京:中国建筑工业出版社,2019.

[30] OTTO F. The work of frei otto[M]. Greenwich:Museum of Modern Art,1972.

[31] DAY A S, BUNCE J H. Analysis of cable networks by dynamic relaxation[J]. Civil Engineering Public Works Review,1970,(4):383-386.

[32] 钱基宏,宋涛. 张拉膜结构的找形分析与形态优化研究[J]. 建筑结构学报,2002,23(3):84-88.

[33] CHEN D. Graphic Statics 桁架图解静力法绘图程序[EB/OL]. [2020-11-08]. http://dinochen.com/attachments/month_2010/Graphic_Static.rar.

[34] ARGYRIS J H, ANGELOPOULOS T, BICHAT B. A general method for the shape finding of light weight tension structures[J]. Computer Methods in Applied Mechanics and Engineering,1974,(3):135-149.

[35] 崔昌禹,严慧. 自由曲面结构形态创构方法:高度调整法的建立与其在工程设计中的应用[J]. 土木工程学报,2006,(12):1-6.

[36] SIGMUND O. A 99 line topology optimization code written in Matlab[J]. Structural and multidisciplinary optimization,2001,21:120-127.

[37] 王新敏,李义强,许宏伟. ANSYS 结构分析单元与应用[M]. 北京:人民交通出版社,2011.

[38] 章小珍,肖志斌,高博青. 索桁预应力穹顶结构静动力性能参数分析[J]. 空间结构,2003,9(2):25-28.

[39] 袁振,吴长春,庄守兵. 基于杂交元和变密度法的连续体结构拓扑优化设计[J]. 中国科学技术大学学报,2001,(6):63-68.

[40] HAGISHITA T, OHSAKI M. Topology optimization of trusses by growing ground structure method[J]. Structural and Multidisciplinary Optimization,2009,37(4):377-393.

[41] MRÓZ Z, BOJCZUK D. Finite topology variations in optimal design of structures[J]. Structural and Multidisciplinary Optimization,2003,25(3):153-173.

[42] ZHANG Y, MUELLER C. Shear wall layout optimization for conceptual design of tall buildings [J]. Engineering Structures,2017,140:225-240.

[43] 牛金月. 基于桁架拓扑优化的机床支承件结构设计[D]. 大连:大连理工大学,2020.

[44] 周一一,夏聪,沈炜,等. 基于应变能最小准则的行人天桥的拓扑优化设计和研究[J]. 钢结构,2019,34(1):56-59.

[45] 才琪,冯若强. 基于改进双向渐进结构优化法的桁架结构拓扑优化[J]. 建筑结构学报,2022,43(4):68-76.

[46] 周绪红,胡佳豪,王禄锋,等. 高层剪力墙结构多目标智能设计方法[J]. 土木工程学报,2024,57(06):92-100.

[47] 周绪红,刘界鹏,冯亮,等. 建筑智能建造技术初探及其应用[M]. 北京:中国建筑工业出版社,2021.

[48] DEGTYAREV V V, TSAVDARIDIS K D. Buckling and ultimate load prediction models for perforated steel beams using machine learning algorithms[J]. Journal of Building Engineering,2022,51:104316.

[49] MANGALATHU S, JANG H, HWANG S, et al. Data-driven machine-learning-based seismic failure mode identification of reinforced concrete shear walls[J]. Engineering Structures,2020,208:110331.

[50] WU Z, CHOW T W S. Neighborhood field for cooperative optimization[J]. Soft Computing,2013,17(5):819-834.

[51] 刘界鹏,周绪红,伍洲,等.智能建造基础算法教程[M].北京:中国建筑工业出版社,2021.

[52] 刘志飞,曹雷,赖俊,等.多智能体路径规划综述[J].计算机工程与应用,2022,58(20):43-62.

[53] 杨维,李歧强.粒子群优化算法综述[J].中国工程科学,2004,6(5):87-94.

[54] THAI H-T, THAI S, NGO T, et al. Reliability considerations of modern codes for CFST columns [J]. Journal of Constructional Steel Research, 2021:106482.

[55] HAYASHI K, OHSAKI M. Graph-based reinforcement learning for discrete cross-section optimization of planar steel frames[J]. Advanced Engineering Informatics, 2022, 51:101512.

[56] 郝文化.ANSYS土木工程应用实例[M].北京:中国水利水电出版社,2005.